转型发展系列教材

# 线性代数及其应用


主　编　叶建军　宋军智　苗成双

副主编　赵　威　郭伦众　李　文

西南交通大学出版社

·成　都·

**图书在版编目（CIP）数据**

线性代数及其应用 / 叶建军，宋军智，苗成双主编
. —成都：西南交通大学出版社，2018.9（2020.1 重印）
转型发展系列教材
ISBN 978-7-5643-6459-5

Ⅰ. ①线… Ⅱ. ①叶… ②宋… ③苗… Ⅲ. ①线性代数－高等学校－教材 Ⅳ. ①O151.2

中国版本图书馆 CIP 数据核字（2018）第 222587 号

转型发展系列教材

**线性代数及其应用**

主编　叶建军　宋军智　苗成双

责任编辑　孟秀芝
封面设计　严春艳

出版发行　西南交通大学出版社
（四川省成都市二环路北一段 111 号
西南交通大学创新大厦 21 楼）
邮政编码　610031
发行部电话　028-87600564　028-87600533
官网　http://www.xnjdcbs.com
印刷　四川森林印务有限责任公司

成品尺寸　185 mm × 260 mm
印张　9.5
字数　233 千
版次　2018 年 9 月第 1 版
印次　2020 年 1 月第 2 次
定价　25.00 元
书号　ISBN 978-7-5643-6459-5

课件咨询电话：028-81435775
图书如有印装质量问题　本社负责退换

# 总　序

教育部、国家发展改革委、财政部《关于引导部分地方普通本科高校向应用型转变的指导意见》指出：

“当前，我国已经建成了世界上最大规模的高等教育体系，为现代化建设作出了巨大贡献。但随着经济发展进入新常态，人才供给与需求关系深刻变化，面对经济结构深刻调整、产业升级加快步伐、社会文化建设不断推进特别是创新驱动发展战略的实施，高等教育结构性矛盾更加突出，同质化倾向严重，毕业生就业难和就业质量低的问题仍未有效缓解，生产服务一线紧缺的应用型、复合型、创新型人才培养机制尚未完全建立，人才培养结构和质量尚不适应经济结构调整和产业升级的要求。”

“贯彻党中央、国务院重大决策，主动适应我国经济发展新常态，主动融入产业转型升级和创新驱动发展，坚持试点引领、示范推动，转变发展理念，增强改革动力，强化评价引导，推动转型发展高校把办学思路真正转到服务地方经济社会发展上来，转到产教融合校企合作上来，转到培养应用型技术技能型人才上来，转到增强学生就业创业能力上来，全面提高学校服务区域经济社会发展和创新驱动发展的能力。”

高校转型的核心是人才培养模式，因为应用型人才和学术型人才是有所不同的。应用型技术技能型人才培养模式，就是要建立以提高实践能力为引领的人才培养流程，建立产教融合、协同育人的人才培养模式，实现专业链与产业链、课程内容与职业标准、教学过程与生产过程对接。

应用型技术技能型人才培养模式的实施，必然要求进行相应的课程改革，我们这套“转型发展系列教材”就是为了适应转型发展的课程改革需要而推出的。

希望教育集团下属的院校，都是以培养应用型技术技能型人才为职责使命的，人才培养目标与国家大力推动的转型发展的要求高度契合。在办学过程中，围绕培养应用型技术技能型人才，教师们在不同的课程教学中进行了卓有成效的探索与实践。为此，我们将经过教学实践检验的、较成熟的讲义陆续整理出版。一来与兄弟院校共同分享这些教改成果，二来也希望兄弟院校对于其中的不足之处进行指正。

让我们共同携起手来，增强转型发展的历史使命感，大力培养应用型技术技能型人才，使其成为产业转型升级的“助推器”、促进就业的“稳定器”、人才红利的“催化器”！

汪辉武

2016年6月

# 前　言

代数源于阿拉伯语 Algebra，其原意是“结合在一起”。代数的功能就是把很多看似不相关的事物“结合在一起”，进行高度抽象。其目的是方便解决问题和提高效率，把许多看似不相关的问题划归为一类问题。

科技实践中，数学问题的实际转化为两类：一类是线性问题，另一类是非线性问题。线性问题是迄今为止研究最久、理论最完善的；非线性问题在一定基础上可以转化为线性问题。

线性代数是数学的一个分支，是研究变量间线性关系的数学学科，其研究对象是数组和数组间的运算关系。由于科学技术研究中的非线性模型通常可以被近似为线性模型，使得线性代数被广泛地应用于自然科学和社会科学中。迄今为止，线性代数在工程技术、心理学、经济学及管理学等领域中有广泛而深入的应用。

至 2014 年以来，在国家政策引导及市场需求下，诸多高校向应用型大学整体转型，以“应用型人才”作为人才培养目标。现有线性代数教材非常重视理论知识的讲解，而对知识的应用看得较轻。为契合培养“应用型”人才的目标，故编写了适合应用型本科院校及高职高专使用的线性代数及其应用教材。本教材以行列式、矩阵为工具，研究线性方程组、向量组、二次型及应用等问题。

本教材具有以下特点：

（1）以实例引入理解概念。章节以实际问题引入，便于学生理解实际问题怎样归纳为线性代数问题，使学生能从数学角度看待实际问题，并能进一步用数学方法解决实际问题。

（2）各章理论去繁就简。该书体系为归纳体系，即从简单例子中发现规律（被严格数学上所证明成立），易于学生接受；学生能从中举一反三，触类旁通地进一步思考和总结。

（3）突出应用实例。在每章末，列举出实际实例，运用该章的数学知识解决问题，提高学生利用数学初步解决实际问题的能力。

（4）尝试和数学建模结合，培养学生使用 MATLAB 的能力。本书增加了数学实验，使学生以 MATLAB 为工具，使用计算或编程来实现线性代数的应用问题。

本书引言由苗成双主笔，第一章由许凌云、陈康编写，第二章由李文、谢杨晓洁老师编写，第三章由郭伦众、宋军智老师编写，第四章由赵威、李媛老师编写。全书由宋军智、苗成双统稿，叶建军教授校稿。

由于作者水平有限，教材中难免有错误和不妥之处，欢迎读者批评指正。

最后，诚挚的感谢胡成教授对该教材的指导！

编　者

2018 年 7 月

# 目　录

# 绪论　线性方程组与线性代数

## 0.1　线性模型介绍

线性代数是一门非常实用的学科，其内容包括行列式、矩阵、线性方程组求解、向量组、二次型等. 各部分内容独立成为一个体系，但又相互关联，这就导致了大部分初次学习线性代数的同学觉得其内容繁多、抽象、杂乱. 但是再乱的线团也有头绪，线性代数的头绪就是线性方程组. 我们可以把线性方程组作为主线贯穿整个线性代数的学习过程.

线性代数研究的主要内容之一是线性方程组，但不局限于线性方程组的求解. 大约 4 000 年前古巴比伦人已经可以求解由两个方程构成的二元一次线性方程组. 大约公元 200 年前，《九章算术》就解决了由三个方程构成的三元一次方程组求解（相当于矩阵的初等变换法）.

随着计算机技术的发展，1949 年列昂惕夫用 Mark Ⅱ 计算机求解了描述美国经济情况的 $42\times 42$ 的线性方程组，这也标志着应用计算机求解大规模数学模型的开始. 自此，许多其他领域的科学工作者陆续应用计算机来分析数学模型. 可以说，线性代数在工程应用中的重要性是伴随着计算机技术的不断提高而迅速增加的.

方程组问题无非分为两类：一类是线性问题；一类是非线性问题. 线性问题是研究最久、理论最完善的. 简单地说，数学中的线性问题是最容易被解决的；而非线性问题则可以在一定基础上转化为线性问题求解，如一元微分学中用微分（线性主部）近似函数的增量（非线性）.

因此遇到一个问题时，首先判定它是线性问题还是非线性问题；其次如果是线性问题应如何处理，若是非线性问题应如何转化为线性问题. 可见线性代数作为研究线性关联性问题的代数理论的重要性.

## 0.2　认识“线性”

以往很多同学在学习完“线性代数”这门课程之后仍然不明白什么是线性关系，或者无法判断一个函数或者方程是否为线性的.

首先，什么是线性？在数学中，一般所说的线性是指线性映射，某些情况下也可以指线性函数. 线性函数满足两个条件：

（1）（**可加性**）$f(x+y)=f(x)+f(y)$.

（2）（**齐次性**）对 $\forall a$，有 $f(ax)=af(x)$.

其中的 $x$ 可以是实数，也可以是向量. 简单来说，当一个变量 $y$ 和另一个变量 $x$ 成正比时，

比如

$$y = kx.$$

那么，称 $y$ 与 $x$ 成线性关系，因为其图形是二维平面上的一条直线，并通过原点，因此称它们是齐次线性函数. 不通过原点的直线则称为非齐次线性函数，比如

$$y = kx + b.$$

这个表达式并不满足齐次性，所以不是线性映射. 但变量间仍具有线性关系. 当然，在一个系统中有多个变元，那么线性关系可以描述为

$$a_1x_1 + a_2x_2 + \cdots + a_nx_n = b.$$

可见，线性关系就是一次函数关系.这里可以包含线性函数、线性方程等.

那么什么是非线性关系呢？比如下面一些例子:

$$y = kx^2, \quad y = \ln x.$$

等都是非线性关系.

## 0.3 线性方程组

以前学过求解二元一次方程组与三元一次方程组的方法，这里研究一般的一次方程组.

**定义 1** 多元一次方程组

$$\begin{cases} a_{11}x_1 + a_{12}x_2 + \cdots + a_{1n}x_n = b_1 \\ a_{21}x_1 + a_{22}x_2 + \cdots + a_{2n}x_n = b_2 \\ \cdots\cdots\cdots\cdots \\ a_{m1}x_1 + a_{m2}x_2 + \cdots + a_{mn}x_n = b_m \end{cases} \tag{1}$$

称为线性方程组.

方程组有 $m$ 个方程，$n$ 个未知数 $x_j(j = 1,2,\cdots,n)$，而 $a_{ij}(i = 1,2,\cdots,m;\ j = 1,2,\cdots,n)$ 是未知数的系数，$b_i(i = 1,2,\cdots,m)$ 是常数项.

如果 $b_i = 0(i = 1,2,\cdots,m)$，则称之为齐次线性方程组，否则称之为非齐次线性方程组.

数组 $c_1, c_2, \cdots, c_n$ 是方程组的一个解，如果用它们分别代替方程组中的未知数 $x_1, x_2, \cdots, x_n$，可以使方程组变成等式组. 方程组的全部解的集合称为方程组的通解. 相对于通解，称方程组的一个解为特解.

**定义 2** 如果两个线性方程组有相同的通解，则称它们同解.

按照定义 1，两个方程组同解是指它们的解的集合相等. 集合相等是一种等价关系，因此方程组同解也是一种等价关系. 特别地，方程组同解具有传递性.

**例 1** 解线性方程组 $\begin{cases} 2x_1 - x_2 + 3x_3 = 1 \\ 2x_1 + x_2 + x_3 = 5 \\ 4x_1 + x_2 + 2x_3 = 5 \end{cases}$.

**解**　从上向下消元，用第二个方程减去第一个方程，再用第三个方程减去第一个方程的 2 倍，得同解方程组

$$\begin{cases} 2x_1 - x_2 + 3x_3 = 1 \\ \quad 2x_2 - 2x_3 = 4 \\ \quad 3x_2 - 4x_3 = 3 \end{cases},$$

再用第三个方程减去第二个方程的 3/2 倍，得同解方程组

$$\begin{cases} 2x_1 - x_2 + 3x_3 - 1 \\ \quad 2x_2 - 2x_3 = 4 \\ \quad\quad -x_3 = -3 \end{cases}.$$

这种方程组称为阶梯形方程组.

然后从下向上消元，第二个方程减去第三个方程的 2 倍，第一个方程加上第三个方程的 3 倍，得同解方程组

$$\begin{cases} 2x_1 - x_2 = -8 \\ \quad 2x_2 = 10 \\ \quad -x_3 = -3 \end{cases},$$

再用第一个方程加上第二个方程的 1/2 倍，得同解方程组

$$\begin{cases} 2x_1 = -3 \\ 2x_2 = 10 \\ -x_3 = -3 \end{cases}.$$

每个方程再各自除以未知数的系数，得线性方程组的解为

$$x_1 = -3/2, \quad x_2 = 5, \quad x_3 = 3.$$

从例 1 可以看出，通过消元可将线性方程组变成比较简单的同解方程组，从而得到原方程组的解，而解线性方程组的基本方法就是加减消元法. 求解过程中我们常用到以下三种运算.

**定义 3**　下列三种运算称为方程组的初等变换.

（1）互换性：交换两个方程的位置；

（2）数乘性：用一个非零常数乘以一个方程；

（3）倍加性：将一个方程的 $k$ 倍加到另一个方程上去.

**注意：**如果用一种初等变换将一个线性方程组变成另一个线性方程组，则也可以用初等变换将后者变成前者，即初等变换的过程是可逆的.

**定理 1**　用初等变换得到的新的线性方程组与原方程组同解（证明略）.

**例 2** 求解线性方程组

$$\begin{cases} x_1 + x_2 - 2x_3 - x_4 = -1 \\ 4x_2 - x_3 - x_4 = 1 \\ 6x_3 + 6x_4 = 6 \end{cases}. \tag{2}$$

**解** 将第三个方程乘以$\frac{1}{6}$，再将$x_4$项移至等号的右端，得

$$x_3 = 1 - x_4,$$

将其代入第二个方程，解得$x_2 = \frac{1}{2}$.

再将$x_2, x_3$代入第一个方程组，解得$x_1 = -x_4 + \frac{1}{2}$. 因此，方程组（2）的解为

$$\begin{cases} x_1 = -x_4 + \frac{1}{2} \\ x_2 = \frac{1}{2} \\ x_3 = -x_4 + 1 \end{cases} \tag{3}$$

其中$x_4$可以任意取值.

由于未知量$x_4$的取值是任意实数，故方程组（2）的解有无穷多个. 由此可知，表示式（3）显示了方程组（2）的所有解. 表示式（3）中，等号左边的未知量$x_1, x_2, x_3$称为非自由未知量，等号右端的未知量$x_4$称为自由未知量. 用自由未知量表示非自由未知量的表示式（3）称为方程组（2）的一般解，当表示式（3）中的未知量$x_4$取定一个值（如$x_4 = 1$），得到方程组（2）的一个解（如$x_1 = -\frac{1}{2}$，$x_2 = \frac{1}{2}$，$x_3 = 0$，$x_4 = 1$），称之为方程组（2）的特解.

**注意**：自由未知量的选取不是唯一的，如例 2 也可以将$x_3$取作自由未知量.

如果将表示式（3）中的自由未知量$x_4$取一任意常数$k$，即令$x_4 = k$，那么方程组（2）的一般解为

$$\begin{cases} x_1 = -k + \frac{1}{2} \\ x_2 = \frac{1}{2} \\ x_3 = -k + 1 \\ x_4 = k \end{cases},$$

其中$k$为任意常数.

用消元法解线性方程组的过程中，我们可以发现，这个过程实际上就是对未知量系数和常数项的一个化简及消去的过程，未知量并没有参与任何一部分运算. 由此我们把方程组的

所有系数及常数按原来位置写下，得到一个数表（将其称之为矩阵），然后运用方程组的初等变换进行运算，可以把矩阵简化，使其最终化成一个特殊的矩阵. 从这个特殊矩阵中，就可以直接解出或“读出”方程组的解. 例如，对例 2 中的矩阵做进一步化简：

$$\begin{bmatrix} 1 & 1 & -2 & -1 & -1 \\ 0 & 4 & -1 & -1 & 1 \\ 0 & 0 & 6 & 6 & 6 \end{bmatrix} \xrightarrow[\text{②+③}]{\text{③×}\frac{1}{6}\ \ \text{①+③×2}} \begin{bmatrix} 1 & 1 & 0 & 1 & 1 \\ 0 & 4 & 0 & 0 & 2 \\ 0 & 0 & 1 & 1 & 1 \end{bmatrix}$$

$$\xrightarrow[\text{①+②×(−1)}]{\text{②×}\frac{1}{4}} \begin{bmatrix} 1 & 0 & 0 & 1 & 1/2 \\ 0 & 1 & 0 & 0 & 1/2 \\ 0 & 0 & 1 & 1 & 1 \end{bmatrix}$$

上述矩阵对应的方程组为

$$\begin{cases} x_1 + x_4 = \dfrac{1}{2} \\ x_2 = \dfrac{1}{2} \\ x_3 + x_4 = 1 \end{cases}$$

将此方程组中含 $x_4$ 的项移到等号的右端，就得到原方程组（2）的一般解

$$\begin{cases} x_1 = -x_4 + \dfrac{1}{2} \\ x_2 = \dfrac{1}{2} \\ x_3 = -x_4 + 1 \end{cases} \tag{3}$$

其中 $x_4$ 可以任意取值.

用矩阵形式表示为

$$\begin{bmatrix} x_1 \\ x_2 \\ x_3 \\ x_4 \end{bmatrix} = \begin{bmatrix} -k + \dfrac{1}{2} \\ \dfrac{1}{2} \\ -k + 1 \\ k \end{bmatrix} = k \begin{bmatrix} -1 \\ 0 \\ -1 \\ 1 \end{bmatrix} + \begin{bmatrix} \dfrac{1}{2} \\ \dfrac{1}{2} \\ 1 \\ 0 \end{bmatrix} \tag{4}$$

其中 $k$ 为任意常数，称表示式（4）为方程组（2）的全部解.

## 0.4　线性方程组解的直观解释

空间直线、平面的位置关系为线性方程组的结构理论提供了直观的几何解释，同样，线性代数中的线性方程组的结构理论对深刻领会直线、平面的位置关系也起到了重要作用.

求包含两个未知数的两个方程组成的方程组的解，等价于求两条直线的交点. 例如，

$$\begin{cases}x_1+2x_2=1\\x_1-3x_2=-4\end{cases}.$$

这两个方程的图形都是直线，不难解出两直线的唯一交点为$(-1,1)$，此时称该点为上述方程组的唯一解.

当然，两条直线不一定交于一点，它们可能重合，也可能平行，重合的两条直线上每一点都是它们的交点，平行的直线没有交点. 例如，$x_1+2x_2=1$和$2x_1+4x_2=2$重合，满足前一方程的点也满足后一方程；$x_1+2x_2=1$和$x_1+2x_2=2$没有同时满足两个方程的点.

所以，方程组对应有三种解的情况：唯一解、无穷解、无解.

## 0.5 线性方程组在实际生活中的应用

运筹学的一个重要分支是线性规划，而线性规划要用到大量的线性代数的方法. 如果掌握了线性代数及线性规划，那么你就可以将实际生活中的很多问题抽象为线性规划问题，以得到最优解. 例如，在产品生产计划中，合理利用人力、物力、财力等，使获利最大；劳动力安排中，用最少的劳动力来满足工作的需要；运输问题中，如何制订运输方案，使总运费最少，这些都是线性规划的实际应用. 我们给出下面实例予以说明.

**例 3** 设三种食物每 100 克中蛋白质、碳水化合物和脂肪的含量如表 0.1 所示，表中给出了 20 世纪 80 年代美国流行的 JQ 大学医学院的营养配方. 现在的问题是：如果用这三种食物作为每天的主要食物，那么它们的用量应各取多少，才能全面准确地实现这个营养要求.

表 0.1

| 营　养 | 每 100 g 食物所含营养/g | | | 减肥所要求的每日营养量 |
|---|---|---|---|---|
| | 脱脂牛奶 | 大豆面粉 | 乳清 | |
| 蛋白质 | 36 | 51 | 13 | 33 |
| 碳水化合物 | 52 | 34 | 74 | 45 |
| 脂肪 | 0 | 7 | 1.1 | 3 |

设脱脂牛奶的用量为 $x_1$ 个单位（100 g），大豆面粉的用量为 $x_2$ 个单位（100 g），乳清的用量为 $x_3$ 个单位（100 g），使这个合成的营养与 JQ 大学医学院配方的要求相等. 由此，可建立如下方程组

$$\begin{cases}36x_1+51x_2+13x_3=33\\52x_1+34x_2+74x_3=45\\\qquad\quad 7x_2+1.1x_3=3\end{cases}.$$

再利用线性方程组和矩阵关系，就可以得到以下的矩阵方程

$$\begin{bmatrix} 36 & 51 & 13 \\ 52 & 34 & 74 \\ 0 & 7 & 1.1 \end{bmatrix}\begin{bmatrix} x_1 \\ x_2 \\ x_3 \end{bmatrix} = \begin{bmatrix} 33 \\ 45 \\ 3 \end{bmatrix} \Rightarrow \boldsymbol{Ax} = \boldsymbol{b}.$$

用 MATLAB 软件解这个问题非常方便，列出程序如下：

```
A = [36, 51, 13; 52, 34, 74; 0, 7, 1.1]
b = [33; 45; 3]
x = A\b
```

程序执行的结果为

$$\mathrm{x} = \begin{bmatrix} 0.277\,2 \\ 0.391\,9 \\ 0.233\,2 \end{bmatrix}$$

即脱脂牛奶的用量为 27.7 g、大豆面粉的用量为 39.2 g、乳清的用量为 23.3 g 时，就能保证所需的综合营养量.

上例表明，正是实际应用问题刺激了线性代数这一学科的诞生与发展. 同时，我国古代天文历法资料表明，一次同余问题的研究明显地受到天文、历法需要的推动. 可以说，历史上线性代数的第一个问题是关于解线性方程组的问题. 总之，线性代数历经如此长时间的蓬勃发展，皆由其广泛的应用推动前进.

还有一些情况，比如经常会有一种情况，就是计算机要反复地解一个线性方程组

$$\begin{cases} a_{11}x_1 + a_{12}x_2 + \cdots + a_{1n}x_n = b_1 \\ a_{21}x_1 + a_{22}x_2 + \cdots + a_{2n}x_n = b_2 \\ \cdots\cdots\cdots\cdots \\ a_{n1}x_1 + a_{n2}x_2 + \cdots + a_{nn}x_n = b_n \end{cases}.$$

其中，仅等号右边的常数项在变化，而左边的系数都不变. 那么就希望变换成

$$\begin{cases} x_1 = c_{11}b_1 + c_{12}b_2 + \cdots + c_{1n}b_n \\ x_2 = c_{21}b_1 + c_{22}b_2 + \cdots + c_{2n}b_n \\ \cdots\cdots\cdots\cdots \\ x_n = c_{n1}b_1 + c_{n2}b_2 + \cdots + c_{nn}b_n \end{cases}.$$

这样可以减少计算量，也就会产生矩阵求逆的问题（详见第二章第三节）.

线性代数的发展与线性方程组的求解是息息相关的，因而在线性方程组的求解上，我们可以用克莱姆法则、消元法、矩阵理论等诸多方法. 当然，有些法则、理论的应用是有条件的. 总之，线性代数的主要研究对象之一是线性方程组，本书是用矩阵理论研究如何解线性方程组. 线性代数有独立的、系统的科学体系，在实践中应用极为广泛，尤其是它为用计算机解线性方程组提供了科学的理论基础.

# 第 1 章　$n$ 阶行列式

行列式的概念最初是伴随着方程组的求解而发展起来的. 行列式是线性代数中的重要概念之一，它在数学的许多分支和工程技术中有着广泛的应用. 本章主要介绍 $n$ 阶行列式的定义、行列式的性质以及行列式的计算方法.

## 1.1　$n$ 阶行列式的概念

行列式是研究许多线性代数问题的重要工具，源于解线性方程组. 因此我们从解线性方程组的问题着手，给出二、三阶行列式的定义.

设有二元一次方程组（二元线性方程组）

$$\begin{cases} a_{11}x_1 + a_{12}x_2 = b_1 ① \\ a_{21}x_1 + a_{22}x_2 = b_2 ② \end{cases} \tag{1}$$

其中 $a_{ij}(i, j = 1, 2)$ 叫作方程组的系数； $b_i(i = 1, 2)$ 为常数项. 用消元法求解方程组（1）:

①$\times a_{22}$ $-$ ②$\times a_{12}$，消去 $x_2$ 得到

$$(a_{11}a_{22} - a_{12}a_{21})x_1 = b_1a_{22} - a_{12}b_2 ,$$

②$\times a_{11}$ $-$ ①$\times a_{22}$，消去 $x_1$ 得到

$$(a_{11}a_{22} - a_{12}a_{21})x_2 = a_{11}b_2 - b_1a_{21} ,$$

当 $a_{11}a_{22} - a_{12}a_{21} \neq 0$ 时，可解得

$$x_1 = \frac{b_1a_{22} - b_2a_{12}}{a_{11}a_{22} - a_{12}a_{21}}, \quad x_2 = \frac{b_2a_{11} - b_1a_{21}}{a_{11}a_{22} - a_{12}a_{21}}. \tag{2}$$

由于此结果不方便记忆，因此，引入新的符号来表示上述解（2）.

设

$$D = \begin{vmatrix} a_{11} & a_{12} \\ a_{21} & a_{22} \end{vmatrix} = a_{11}a_{22} - a_{12}a_{21} ,$$

$$D_1 = \begin{vmatrix} b_1 & a_{12} \\ b_2 & a_{22} \end{vmatrix} = b_1a_{22} - a_{12}b_2 ,$$

$$D_2 = \begin{vmatrix} a_{11} & b_1 \\ a_{21} & b_2 \end{vmatrix} = a_{11}b_2 - b_1a_{21},$$

则方程组（1）的解可表示为

$$x_1 = \frac{D_1}{D}, \quad x_2 = \frac{D_2}{D}.$$

由此，给出二阶行列式的定义和计算：

**定义 1.1**　引入符号

$$D = \begin{vmatrix} a_{11} & a_{12} \\ a_{21} & a_{22} \end{vmatrix}$$

称之为二阶行列式，其值等于对角线乘积之差，即

$$\begin{vmatrix} a_{11} & a_{12} \\ a_{21} & a_{22} \end{vmatrix} = a_{11}a_{22} - a_{12}a_{21}.$$

其中，$a_{ij}$ 叫作行列式的元素，简称元，$i$ 叫作行标，$j$ 叫作列标.

**例 1**　求$\begin{vmatrix} 5 & -1 \\ 3 & 2 \end{vmatrix}$的值.

**解**

$$\begin{vmatrix} 5 & -1 \\ 3 & 2 \end{vmatrix} = 5\times 2-(-1)\times 3 = 13.$$

**例 2**　求解二元线性方程组$\begin{cases} 5x+4y=8 \\ 4x+5y=6 \end{cases}$.

**解**　由于系数行列式 $D=\begin{vmatrix} 5 & 4 \\ 4 & 5 \end{vmatrix}=25-16=9\neq 0$，所以方程组有解.

又由于

$$D_1 = \begin{vmatrix} 8 & 4 \\ 6 & 5 \end{vmatrix} = 40-24=16,$$

$$D_2 = \begin{vmatrix} 5 & 8 \\ 4 & 6 \end{vmatrix} = 30-32=-2,$$

所以方程组的解为

$$x_1 = \frac{D_1}{D} = \frac{16}{9}, \quad x_2 = \frac{D_2}{D} = \frac{-2}{9}.$$

这样的解法看起来似乎比消元法烦琐，却可以为之后得到多元线性方程组规律性的解法打下基础，同时为进一步学习矩阵知识做好准备.

类似地，为了求解三元一次方程组

$$\begin{cases} a_{11}x_1 + a_{12}x_2 + a_{13}x_3 = b_1 \\ a_{21}x_1 + a_{22}x_2 + a_{23}x_3 = b_2 \\ a_{31}x_1 + a_{32}x_2 + a_{33}x_3 = b_3 \end{cases},$$

引入符号

$$D = \begin{vmatrix} a_{11} & a_{12} & a_{13} \\ a_{21} & a_{22} & a_{23} \\ a_{31} & a_{32} & a_{33} \end{vmatrix} = (a_{11}a_{22}a_{33} + a_{12}a_{23}a_{31} + a_{13}a_{21}a_{32}) + (-a_{11}a_{23}a_{32} - a_{12}a_{21}a_{33} - a_{13}a_{22}a_{31})$$

令

$$D_1 = \begin{vmatrix} b_1 & a_{12} & a_{13} \\ b_2 & a_{22} & a_{23} \\ b_3 & a_{32} & a_{33} \end{vmatrix},$$

$$D_2 = \begin{vmatrix} a_{11} & b_1 & a_{13} \\ a_{21} & b_2 & a_{23} \\ a_{31} & b_3 & a_{33} \end{vmatrix},$$

$$D_3 = \begin{vmatrix} a_{11} & a_{12} & b_1 \\ a_{21} & a_{22} & b_2 \\ a_{31} & a_{32} & b_3 \end{vmatrix},$$

则当 $D \neq 0$ 时，三元一次方程组的解可简洁地表示为

$$x_1 = \frac{D_1}{D}, \quad x_2 = \frac{D_2}{D}, \quad x_3 = \frac{D_3}{D}.$$

**定义 1.2** 引入符号

$$\begin{vmatrix} a_{11} & a_{12} & a_{13} \\ a_{21} & a_{22} & a_{23} \\ a_{31} & a_{32} & a_{33} \end{vmatrix} = (a_{11}a_{22}a_{33} + a_{12}a_{23}a_{31} + a_{13}a_{21}a_{32}) + (-a_{11}a_{23}a_{32} - a_{12}a_{21}a_{33} - a_{13}a_{22}a_{31})$$

称之为三阶行列式.

三阶行列式的结果为一个数值，这个数值可按图 1.1 的对角线法则计算得到.

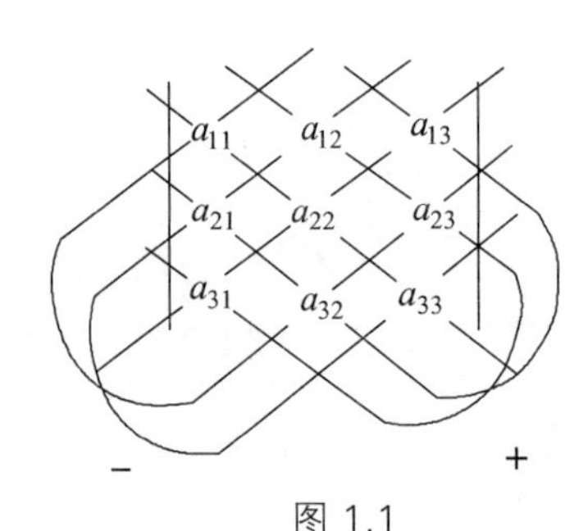


图 1.1

由图 1.1 可知，三阶行列式是这样的六个项的代数和：从左上角到右下角的每条连线上，来自不同行不同列的三个元素的乘积，规定代数符号为正号；从右上角到左下角的每条连线上，来自不同行不同列的三个元素的乘积，规定代数符号为负号. 对于各项的计算，应按行标的自然数顺序选取相应的元素.

需要注意的是，四阶以上（包含四阶）的行列式的计算不再适用对角线法则，具体计算方法会在之后介绍.

**例 3**　求行列式$\begin{vmatrix} 1 & 2 & 3 \\ 4 & 0 & 5 \\ -1 & 0 & 6 \end{vmatrix}$的值.

**解**

$$\begin{aligned}\begin{vmatrix} 1 & 2 & 3 \\ 4 & 0 & 5 \\ -1 & 0 & 6 \end{vmatrix} &= [1\times 0\times 6+2\times 5\times(-1)+3\times 4\times 0]- \\ &\quad [1\times 5\times 0+2\times 4\times 6+3\times 0\times(-1)] \\ &= -10-48=-58\end{aligned}$$

下面对三阶行列式进行整理，观察三阶行列式与二阶行列式的关系.

$$D=\begin{vmatrix} a_{11} & a_{12} & a_{13} \\ a_{21} & a_{22} & a_{23} \\ a_{31} & a_{32} & a_{33} \end{vmatrix}=(a_{11}a_{22}a_{33}+a_{12}a_{23}a_{31}+a_{13}a_{21}a_{32})+$$
$$(-a_{11}a_{23}a_{32}-a_{12}a_{21}a_{33}-a_{13}a_{22}a_{31})$$

上式右端 6 项两两合并，提取公因子可得如下算式：

$$\begin{aligned}D=\begin{vmatrix} a_{11} & a_{12} & a_{13} \\ a_{21} & a_{22} & a_{23} \\ a_{31} & a_{32} & a_{33} \end{vmatrix} &= a_{11}(a_{22}a_{33}-a_{23}a_{32})+a_{12}(a_{23}a_{31}-a_{21}a_{33})+a_{13}(a_{21}a_{32}-a_{22}a_{31}) \\ &= a_{11}(a_{22}a_{33}-a_{23}a_{32})-a_{12}(a_{21}a_{33}-a_{23}a_{31})+a_{13}(a_{21}a_{32}-a_{22}a_{31}) \\ &= a_{11}\begin{vmatrix} a_{22} & a_{23} \\ a_{32} & a_{33} \end{vmatrix}-a_{12}\begin{vmatrix} a_{21} & a_{23} \\ a_{31} & a_{33} \end{vmatrix}+a_{13}\begin{vmatrix} a_{21} & a_{22} \\ a_{31} & a_{32} \end{vmatrix}\end{aligned}$$

由此可以看出，一个三阶行列式的结果可以通过计算三个二阶行列式得到. 二阶、三阶行列式的定义，可以推广到一般的 $n$ 阶行列式的定义.

为了给出 $n$ 阶行列式的定义，我们先定义余子式、代数余子式的概念.

**定义 1.3**　在行列式 $D=\begin{vmatrix} a_{11} & a_{12} & \cdots & a_{1n} \\ a_{21} & a_{22} & \cdots & a_{2n} \\ \vdots & \vdots & & \vdots \\ a_{n1} & a_{n2} & \cdots & a_{nn} \end{vmatrix}$ 中划去元素 $a_{ij}(i,j=1,2,\cdots,n)$ 所在的第 $i$ 行、第 $j$ 列后，余下的元素按原来的相对顺序构成的行列式，称为元素 $a_{ij}$ 的余子式，记为 $M_{ij}$；并称 $(-1)^{i+j}M_{ij}$ 为元素 $a_{ij}$ 的代数余子式，记为 $A_{ij}$，即 $A_{ij}=(-1)^{i+j}M_{ij}$.

如在三阶行列式 $D=\begin{vmatrix} a_{11} & a_{12} & a_{13} \\ a_{21} & a_{22} & a_{23} \\ a_{31} & a_{32} & a_{33} \end{vmatrix}$ 中，$a_{12},a_{22},a_{32}$ 的余子式和代数余子式分别为

$$M_{12}=\begin{vmatrix} a_{21} & a_{23} \\ a_{31} & a_{33} \end{vmatrix},\quad M_{22}=\begin{vmatrix} a_{11} & a_{13} \\ a_{31} & a_{33} \end{vmatrix},\quad M_{32}=\begin{vmatrix} a_{11} & a_{13} \\ a_{21} & a_{23} \end{vmatrix},$$

$$A_{12}=(-1)^{1+2}M_{12}=-\begin{vmatrix} a_{21} & a_{23} \\ a_{31} & a_{33} \end{vmatrix},\quad A_{22}=(-1)^{2+2}M_{22}=\begin{vmatrix} a_{11} & a_{13} \\ a_{31} & a_{33} \end{vmatrix},$$

$$A_{32}=(-1)^{3+2}M_{32}=\begin{vmatrix} a_{11} & a_{13} \\ a_{21} & a_{23} \end{vmatrix}.$$

不难得出

$$D=\begin{vmatrix} a_{11} & a_{12} & a_{13} \\ a_{21} & a_{22} & a_{23} \\ a_{31} & a_{32} & a_{33} \end{vmatrix}=a_{11}A_{11}+a_{12}A_{12}+a_{13}A_{13}.$$

由此，我们可以用递推法定义 $n$ 阶行列式的值.

**定义 1.4** 当 $n=1$ 时，$|a_{11}|=a_{11}$（注意这里 $|a_{11}|$ 不是 $a_{11}$ 的绝对值）；当 $n\geqslant 2$ 时，$n$ 阶行列式

$$D=\begin{vmatrix} a_{11} & a_{12} & \cdots & a_{1n} \\ a_{21} & a_{22} & \cdots & a_{2n} \\ \vdots & \vdots & & \vdots \\ a_{n1} & a_{n2} & \cdots & a_{nn} \end{vmatrix}=a_{11}A_{11}+a_{12}A_{12}+\cdots+a_{1n}A_{1n}=\sum_{j=1}^{n}a_{1j}A_{1j}.$$

**注：**（1）通过定义 1.4 计算一个 $n(n>3)$ 阶行列式，就要计算 $n$ 个 $n-1$ 阶行列式，而计算一个 $n-1$ 阶行列式，就要计算 $n-1$ 个 $n-2$ 阶行列式，……也就是说，计算一个 $n$ 阶行列式，需要计算 $n(n-1)\cdots 4$ 个三阶行列式，计算量相当大，因此我们会在下一节介绍行列式的性质以简化计算.

（2）行列式 $D$ 的左上角到右下角连线称为 $D$ 的主对角线，主对角线上元素为 $a_{11}a_{22}\cdots a_{nn}$. 从右上角到左下角的连线成为 $D$ 的副对角线，副对角线上的元素为 $a_{1n}a_{2,n-1}\cdots a_{n1}$.

事实上，行列式可由任意一行（列）的元素与其对应的代数余子式的乘积之和表示.

**定理 1.1** （行列式展开定理）$n$ 阶行列式等于它的任意一行（列）各元素与其代数余子式的乘积之和，即

$$D=a_{i1}A_{i1}+a_{i2}A_{i2}+\cdots+a_{in}A_{in}\quad (i=1,2,\cdots,n)$$

或

$$D=a_{1j}A_{1j}+a_{2j}A_{2j}+\cdots+a_{nj}A_{nj}\quad (j=1,2,\cdots,n).$$

证明略.

**推论 1** 如果行列式中第 $i$ 行元素除 $a_{ij}$ 外都为零，那么行列式等于 $a_{ij}$ 与其对应的代数余

子式的乘积，即

$$D = a_{ij} A_{ij}.$$

**推论 2**　若行列式中有一行（列）的元素全为零，则行列式为零.

## 1.2　行列式的性质

利用行列式的定义直接计算行列式一般比较困难，因为行列式的阶数越高，计算越复杂.为了简化行列式的计算，我们需要引入行列式的性质. 下面不加证明地给出行列式的性质.

对于 $n$ 阶行列式

$$D = \begin{vmatrix} a_{11} & a_{12} & \cdots & a_{1n} \\ a_{21} & a_{22} & \cdots & a_{2n} \\ \vdots & \vdots & & \vdots \\ a_{n1} & a_{n2} & \cdots & a_{nn} \end{vmatrix},$$

若把 $D$ 中元素行列互换，得新行列式

$$D^{\mathrm{T}} = \begin{vmatrix} a_{11} & a_{21} & \cdots & a_{n1} \\ a_{12} & a_{22} & \cdots & a_{n2} \\ \vdots & \vdots & & \vdots \\ a_{1n} & a_{2n} & \cdots & a_{nn} \end{vmatrix},$$

称行列式 $D^{\mathrm{T}}$ 为行列式 $D$ 的转置行列式，有时也用 $D'$ 表示 $D$ 的转置行列式.

**性质 1**　行列式与它的转置行列式相等.

性质 1 表明，行列式中的行与列具有同等的地位，行列式的性质凡是对行成立的对列也同样成立；反之亦然.

**例 1**　$D_1 = \begin{vmatrix} 2 & 3 & 1 \\ 3 & 4 & 2 \\ 5 & 1 & 3 \end{vmatrix}$，$D_2 = \begin{vmatrix} 2 & 3 & 5 \\ 3 & 4 & 1 \\ 1 & 2 & 3 \end{vmatrix}$.

**解**　由行列式的性质 1，得 $D_1 = D_2$.

**性质 2**　互换行列式的两行（列）元素，行列式改变符号.

**例 2**　$D_1 = \begin{vmatrix} 1 & 0 \\ 2 & 5 \end{vmatrix}$，$D_2 = \begin{vmatrix} 2 & 5 \\ 1 & 0 \end{vmatrix}$.

**解**　根据 2 阶行列式的定义，易知

$$D_1 = 5.$$

$D_2$ 与 $D_1$ 相比，第一行、第二行元素互换，易知

$$D_2 = -5.$$

**推论** 如果行列式有两行（列）完全相同，则此行列式为零.

**例 3** 计算行列式 $D=\begin{vmatrix}1&2&3\\1&2&3\\2&3&4\end{vmatrix}$.

**解** 由于行列式第一行与第二行元素相同，因此行列式

$$D=\begin{vmatrix}1&2&3\\1&2&3\\2&3&4\end{vmatrix}=0.$$

**性质 3** 行列式的某一行(列)中所有的元素都乘以同一数 $k$，等于用数 $k$ 乘此行列式. 即

$$\begin{vmatrix}a_{11}&a_{12}&\cdots&a_{1n}\\\vdots&\vdots&&\vdots\\ka_{i1}&ka_{i2}&\cdots&ka_{in}\\\vdots&\vdots&&\vdots\\a_{n1}&a_{n2}&\cdots&a_{nn}\end{vmatrix}=k\begin{vmatrix}a_{11}&a_{12}&\cdots&a_{1n}\\\vdots&\vdots&&\vdots\\a_{i1}&a_{i2}&\cdots&a_{in}\\\vdots&\vdots&&\vdots\\a_{n1}&a_{n2}&\cdots&a_{nn}\end{vmatrix}.$$

注：行列式中只有一行（列）的元素发生变化.

**例 4**

$$D_2=\begin{vmatrix}1&1&-1\\2&3&4\\8&8&8\end{vmatrix}=1\cdot A_{11}+1\cdot A_{12}+(-1)\cdot A_{13}$$

$$=1\cdot(-1)^{1+1}\begin{vmatrix}3&4\\1&1\end{vmatrix}+1\cdot(-1)^{1+2}\begin{vmatrix}2&4\\1&1\end{vmatrix}+(-1)\cdot(-1)^{1+3}\begin{vmatrix}2&3\\1&1\end{vmatrix}$$

$$=2.$$

将 $D_1$ 中的第三行所有元素同时乘以 8 得到新的行列式 $D_2$，则

$$D_2=\begin{vmatrix}1&1&-1\\2&3&4\\8&8&8\end{vmatrix}=1\cdot A_{11}+1\cdot A_{12}+(-1)\cdot A_{13}$$

$$=1\cdot(-1)^{1+1}\begin{vmatrix}3&4\\8&8\end{vmatrix}+1\cdot(-1)^{1+2}\begin{vmatrix}2&4\\8&8\end{vmatrix}+(-1)\cdot(-1)^{1+3}\begin{vmatrix}2&3\\8&8\end{vmatrix}$$

$$=16.$$

显然 $D_2=8D_1$.

**推论 1** 行列式中某一行（列）的所有元素的公因子可以提到行列式符号外面.

**推论 2** 若行列式中有两行（列）对应元素成比例，则行列式为零.

**性质 4** 若行列式的某一行(列)的元素 $a_{ij}$ 都可表示为两元素 $b_{ij}$ 和 $c_{ij}$ 之和，即

$a_{ij}=b_{ij}+c_{ij}\left(i=1,2,\cdots,n;j=1,2,\cdots,n\right)$ 则该行列式可分解为相应的两个行列式之和，即

$$\begin{vmatrix} a_{11} & a_{12} & \cdots & a_{1n} \\ \vdots & \vdots & & \vdots \\ b_{i1}+c_{i1} & b_{i2}+c_{i2} & \cdots & b_{in}+c_{in} \\ \vdots & \vdots & & \vdots \\ a_{n1} & a_{n2} & \cdots & a_{nn} \end{vmatrix}=\begin{vmatrix} a_{11} & a_{12} & \cdots & a_{1n} \\ \vdots & \vdots & & \vdots \\ b_{i1} & b_{i2} & \cdots & b_{in} \\ \vdots & \vdots & & \vdots \\ a_{n1} & a_{n2} & \cdots & a_{nn} \end{vmatrix}+\begin{vmatrix} a_{11} & a_{12} & \cdots & a_{1n} \\ \vdots & \vdots & & \vdots \\ c_{i1} & c_{i2} & \cdots & c_{in} \\ \vdots & \vdots & & \vdots \\ a_{n1} & a_{n2} & \cdots & a_{nn} \end{vmatrix}$$

**例 5**

$$D_1=\begin{vmatrix} a_1 & a_2 \\ a_1+b_1 & a_2+b_2 \end{vmatrix}=a_1(a_2+b_2)-a_2(a_1+b_1)-a_1b_2-a_2b_1,$$

$$D_2=\begin{vmatrix} a_1 & a_2 \\ a_1 & a_2 \end{vmatrix}+\begin{vmatrix} a_1 & a_2 \\ b_1 & b_2 \end{vmatrix}=0+a_1b_2-a_2b_1=a_1b_2-a_2b_1.$$

显然 $D_1=D_2$.

**例 6** $\begin{vmatrix} a_1 & b_1 \\ c & d \end{vmatrix}+\begin{vmatrix} a_2 & b_2 \\ c & d \end{vmatrix}=\begin{vmatrix} a_1+a_2 & b_1+b_2 \\ c & d \end{vmatrix}$.

**注：**性质 4 的逆用.

**性质 5**　把行列式的某一行（列）的各元素乘以同一常数加到另一行（列）对应的元素上，行列式的值不变，即

$$\begin{vmatrix} a_{11} & a_{12} & \cdots & a_{1n} \\ \vdots & \vdots & & \vdots \\ a_{i1} & a_{i2} & \cdots & a_{in} \\ \vdots & \vdots & & \vdots \\ a_{k1} & a_{k2} & \cdots & a_{kn} \\ \vdots & \vdots & & \vdots \\ a_{n1} & a_{n2} & \cdots & a_{nn} \end{vmatrix}=\begin{vmatrix} a_{11} & a_{12} & \cdots & a_{1n} \\ \vdots & \vdots & & \vdots \\ a_{i1}+\lambda a_{k1} & a_{i2}+\lambda a_{k2} & \cdots & a_{in}+\lambda a_{kn} \\ \vdots & \vdots & & \vdots \\ a_{k1} & a_{k2} & \cdots & a_{kn} \\ \vdots & \vdots & & \vdots \\ a_{n1} & a_{n2} & \cdots & a_{nn} \end{vmatrix}.$$

性质 5 是化简行列式的基本方法，若用数 $k$ 乘第 $j$ 行（列）加到第 $i$ 行（列）上，简记为 $r_i+kr_j$（或 $c_i+kc_j$）. 此性质是之后化三角形行列式的主要方法.

**例 7**　$D_1=\begin{vmatrix} 1 & 0 & 3 \\ 3 & 1 & 2 \\ 2 & 3 & 1 \end{vmatrix}=1\cdot A_{11}+3\cdot A_{13}$

$$=\begin{vmatrix} 1 & 2 \\ 3 & 1 \end{vmatrix}+3\begin{vmatrix} 3 & 1 \\ 2 & 3 \end{vmatrix}=16.$$

对 $D_1$ 两次利用性质 5，即 $r_2+(-3)r_1$ 和 $r_3+(-2)r_1$，得到 $D_2$：

$$D_2=\begin{vmatrix}1 & 0 & 3\\ 3+1\cdot(-3) & 1+0 & 2+3\cdot(-3)\\ 2+1\cdot(-2) & 3+0 & 1+3\cdot(-2)\end{vmatrix}=\begin{vmatrix}1 & 0 & 3\\ 0 & 1 & -7\\ 0 & 3 & -5\end{vmatrix}$$

$$=1\cdot A_{11}=\begin{vmatrix}1 & -7\\ 3 & -5\end{vmatrix}=16.$$

显然 $D_1=D_2$.

由定理 1.1 和上述性质，可推出下面的定理.

**定理 1.2** 行列式任一行（列）的元素与另一行（列）的对应元素的代数余子式乘积之和等于零. 即

$$a_{i1}A_{j1}+a_{i2}A_{j2}+\cdots+a_{in}A_{jn}=0,\ i\neq j,$$

或

$$a_{1i}A_{1j}+a_{2i}A_{2j}+\cdots+a_{ni}A_{nj}=0,\ i\neq j.$$

**例 8** 已知 4 阶行列式 $D$ 中第三行元素依次为 $-1,0,2,4$.

（1）若第二行元素对应的代数余子式依次分别为 $1,2,a,4$，试求 $a$ 的值.

（2）若第四行元素对应的余子式依次分别为 $2,10,a,4$，试求 $a$ 的值.

**解** （1）由定理 1.2，第三行元素与第二行元素对应的代数余子式乘积之和等于零. 因此可以得到

$$(-1)\cdot1+0\cdot2+2\cdot a+4\cdot4=0,$$

即

$$a=-\frac{15}{2}.$$

（2）由余子式与代数余子式的关系，可得

$$(-1)\cdot(-2)+0\cdot10+2\cdot(-a)+4\cdot4=0,$$

即

$$a=9.$$

## 1.3 行列式的计算

利用行列式的性质以及展开定理，可以化简行列式的计算. 在计算过程中，引入记号 $r_i$ 表示第 $i$ 行，$c_j$ 表示第 $j$ 列.

**例 1** 计算 $D=\begin{vmatrix}a_{11} & 0 & \cdots & 0\\ a_{21} & a_{22} & \cdots & 0\\ \vdots & \vdots & & \vdots\\ a_{n1} & a_{n2} & \cdots & a_{nn}\end{vmatrix}$.

此行列式是三角形行列式的一种，其特点是当 $i<j$ 时 $a_{ij}=0(i=1,2,\cdots,n;\ j=1,2,\cdots,n)$，即

主对角线以上元素都为零，主对角线下方元素不全为零.

**解**　行列式的第一行除 $a_{11}$ 以外都为零，所以由行列式的展开定理，得

$$D=a_{11}A_{11}=a_{11}(-1)^{1+1}\begin{vmatrix} a_{22} & 0 & \cdots & 0 \\ a_{32} & a_{33} & \cdots & 0 \\ \vdots & \vdots & & \vdots \\ a_{n2} & a_{n3} & \cdots & a_{nn} \end{vmatrix},$$

$A_{11}$ 是 $n-1$ 阶三角形行列式，则继续由行列式的展开定理，得

$$A_{11}=a_{22}(-1)^{2+2}\begin{vmatrix} a_{33} & 0 & \cdots & 0 \\ a_{43} & a_{44} & \cdots & 0 \\ \vdots & \vdots & & \vdots \\ a_{n3} & a_{n4} & \cdots & a_{nn} \end{vmatrix},$$

以此类推，可得

$$D=a_{11}a_{22}\cdots a_{nn}.$$

即行列式等于主对角线上各元素之积. 特别地，主对角线行列式

$$\begin{vmatrix} \lambda_1 & & & \\ & \lambda_2 & & \\ & & \ddots & \\ & & & \lambda_n \end{vmatrix}=\lambda_1\lambda_2\cdots\lambda_n.$$

**例 2**　证明

$$D=\begin{vmatrix} 0 & 0 & \cdots & 0 & a_{1n} \\ 0 & 0 & \cdots & a_{2,n-1} & a_{2n} \\ \vdots & \vdots & & \vdots & \vdots \\ 0 & a_{n-1,2} & \cdots & a_{n-1,n-1} & a_{n-1,n} \\ a_{n1} & a_{n2} & \cdots & a_{n,n-1} & a_{nn} \end{vmatrix}=(-1)^{\frac{n(n-1)}{2}}a_{1n}a_{2,n-1}\cdots a_{n1}.$$

**证明**　行列式的第一行除 $a_{1n}$ 以外都为零，所以由行列式的展开定理，得

$$D=a_{1n}A_{1n}=a_{1n}(-1)^{1+n}\begin{vmatrix} 0 & \cdots & 0 & a_{2,n-1} \\ 0 & \cdots & a_{3,n-2} & a_{3,n-1} \\ \vdots & & \vdots & \vdots \\ a_{n1} & \cdots & a_{n,n-2} & a_{n,n-1} \end{vmatrix}$$

$$=(-1)^{1+n}a_{1n}\cdot(-1)^{1+(n-1)}a_{2,n-1}\begin{vmatrix} 0 & \cdots & 0 & a_{3,n-2} \\ 0 & \cdots & a_{4,n-3} & a_{4,n-2} \\ \vdots & & \vdots & \vdots \\ a_{n,1} & \cdots & a_{n,n-3} & a_{n,n-2} \end{vmatrix}$$

$$=\cdots=(-1)^{1+n}\cdot(-1)^{1+(n-1)}\cdots(-1)^{1+2}a_{1n}a_{2,n-1}\cdots a_{n1}$$

$$=(-1)^{\frac{(n+4)(n-1)}{2}}a_{1n}a_{2,n-1}\cdots a_{n1}=(-1)^{\frac{n(n-1)}{2}}a_{1n}a_{2,n-1}\cdots a_{n1}.$$

特别地，副对角线行列式

$$\begin{vmatrix} & & & \lambda_1 \\ & & \lambda_2 & \\ & \cdot^{\cdot^{\cdot}} & & \\ \lambda_n & & & \end{vmatrix}=(-1)^{\frac{n(n-1)}{2}}\lambda_1\lambda_2\cdots\lambda_n.$$

**例 3** 计算行列式 $D=\begin{vmatrix}1 & 2 & 3\\ 3 & 1 & 2\\ 2 & 3 & 1\end{vmatrix}$.

**解** 对于此三阶行列式，可以利用行列式的性质将其化为三角形行列式后，再进行计算.

$$D\xlongequal{r_2-3r_1}\begin{vmatrix}1 & 2 & 3\\ 0 & -5 & -7\\ 2 & 3 & 1\end{vmatrix}\xlongequal{r_3-2r_1}\begin{vmatrix}1 & 2 & 3\\ 0 & -5 & -7\\ 0 & -1 & -5\end{vmatrix}$$

$$\xlongequal{r_2\leftrightarrow r_3}-\begin{vmatrix}1 & 2 & 3\\ 0 & -1 & -5\\ 0 & -5 & -7\end{vmatrix}\xlongequal{r_3-5r_2}-\begin{vmatrix}1 & 2 & 3\\ 0 & -1 & -5\\ 0 & 0 & 18\end{vmatrix}=18.$$

**例 4** 计算行列式 $D=\begin{vmatrix}1 & -1 & 2 & -3\\ -3 & 3 & -7 & 9\\ 2 & 0 & 4 & -2\\ 3 & -5 & 7 & -14\end{vmatrix}$.

**解** 这是一个阶数不高的数值行列式，利用行列式的性质将其化为三角形行列式来计算.

$$D\xlongequal[r_4-3r_1]{\substack{r_2+3r_1\\ r_3-2r_1}}\begin{vmatrix}1 & -1 & 2 & -3\\ 0 & 0 & -1 & 0\\ 0 & 2 & 0 & 4\\ 0 & -2 & 1 & -5\end{vmatrix}\xlongequal{r_2\leftrightarrow r_3}-\begin{vmatrix}1 & -1 & 2 & -3\\ 0 & 2 & 0 & 4\\ 0 & 0 & -1 & 0\\ 0 & -2 & 1 & -5\end{vmatrix}$$

$$\xlongequal{r_4+r_2}-\begin{vmatrix}1 & -1 & 2 & -3\\ 0 & 2 & 0 & 4\\ 0 & 0 & -1 & 0\\ 0 & 0 & 1 & -1\end{vmatrix}\xlongequal{r_4+r_3}-\begin{vmatrix}1 & -1 & 2 & -3\\ 0 & 2 & 0 & 4\\ 0 & 0 & -1 & 0\\ 0 & 0 & 0 & -1\end{vmatrix}$$

$$=-1\cdot 2(-1)(-1)=-2.$$

**例 5**　计算行列式 $D=\begin{vmatrix} 0 & 0 & 1 & 0 \\ -1 & 2 & -1 & 6 \\ 1 & 1 & 2 & 3 \\ 2 & -1 & 1 & 0 \end{vmatrix}$.

**解**　这是一个 4 阶行列式，由于其中某行（列）里面元素 0 很多，因此可以考虑按行（列）展开，以达到降阶简化计算的目的.

$$D=\begin{vmatrix} 0 & 0 & 1 & 0 \\ -1 & 2 & -1 & 6 \\ 1 & 1 & 2 & 3 \\ 2 & -1 & 1 & 0 \end{vmatrix} \xlongequal{\text{按第一行展开}} (-1)^{1+3}\begin{vmatrix} -1 & 2 & 6 \\ 1 & 1 & 3 \\ 2 & -1 & 0 \end{vmatrix} \xlongequal{r_1-2r_2} \begin{vmatrix} -3 & 0 & 0 \\ 1 & 1 & 3 \\ 2 & -1 & 0 \end{vmatrix}$$

$$\xlongequal{\text{按第一行展开}} (-3)\times(-1)^{1+1}\begin{vmatrix} 1 & 3 \\ -1 & 0 \end{vmatrix} = -3\times 3=-9 .$$

**例 6**　计算行列式 $D=\begin{vmatrix} 3 & 1 & -1 & 2 \\ -5 & 1 & 3 & -4 \\ 2 & 0 & 1 & -1 \\ 1 & -5 & 3 & -3 \end{vmatrix}$.

**解**　保留 $a_{33}$，把第三行其余元素变为 0，然后按第三行展开：

$$\begin{vmatrix} 3 & 1 & -1 & 2 \\ -5 & 1 & 3 & -4 \\ 2 & 0 & 1 & -1 \\ 1 & -5 & 3 & -3 \end{vmatrix} \xlongequal[c_4+c_3]{c_1-2c_3} \begin{vmatrix} 5 & 1 & -1 & 1 \\ -11 & 1 & 3 & -1 \\ 0 & 0 & 1 & 0 \\ -5 & -5 & 3 & 0 \end{vmatrix} = (-1)^{3+3}\begin{vmatrix} 5 & 1 & 1 \\ -11 & 1 & -1 \\ -5 & -5 & 0 \end{vmatrix}$$

$$\xlongequal{r_2+r_1} \begin{vmatrix} 5 & 1 & 1 \\ -6 & 2 & 0 \\ -5 & -5 & 0 \end{vmatrix} = (-1)^{1+3}\begin{vmatrix} -6 & 2 \\ -5 & -5 \end{vmatrix}$$

$$\xlongequal{c_1-c_2} \begin{vmatrix} -8 & 2 \\ 0 & -5 \end{vmatrix} = 40 .$$

**例 7**　设

$$D=\begin{vmatrix} 3 & -5 & 2 & 1 \\ 1 & 1 & 0 & -5 \\ -1 & 3 & 1 & 3 \\ 2 & -4 & -1 & -3 \end{vmatrix},$$

求 $A_{11}+A_{12}+A_{13}+A_{14}$ 及 $M_{11}+M_{21}+M_{31}+M_{41}$ 的值.

**解** $A_{11}+A_{12}+A_{13}+A_{14}=1\times A_{11}+1\times A_{12}+1\times A_{13}+1\times A_{14}$

$$=\begin{vmatrix}1&1&1&1\\1&1&0&-5\\-1&3&1&3\\2&-4&-1&-3\end{vmatrix}\xlongequal[r_3-r_1]{r_4+r_3}\begin{vmatrix}1&1&1&1\\1&1&0&-5\\-2&2&0&2\\1&-1&0&0\end{vmatrix}$$

$$\xlongequal{\text{展开}c_3}\begin{vmatrix}1&1&-5\\-2&2&2\\1&-1&0\end{vmatrix}\xlongequal{c_2+c_1}\begin{vmatrix}1&2&-5\\-2&0&2\\1&0&0\end{vmatrix}$$

$$=\begin{vmatrix}2&-5\\0&2\end{vmatrix}=4.$$

$M_{11}+M_{21}+M_{31}+M_{41}=A_{11}-A_{21}+A_{31}-A_{41}$

$$=\begin{vmatrix}1&-5&2&1\\-1&1&0&-5\\1&3&1&3\\-1&-4&-1&-3\end{vmatrix}\xlongequal{r_4+r_3}\begin{vmatrix}1&-5&2&1\\-1&1&0&-5\\1&3&1&3\\0&-1&0&0\end{vmatrix}$$

$$=(-1)\begin{vmatrix}1&2&1\\-1&0&-5\\1&1&3\end{vmatrix}\xlongequal{r_1-2r_3}\begin{vmatrix}-1&0&-5\\-1&0&-5\\1&1&3\end{vmatrix}=0.$$

**例 8** 计算行列式$D=\begin{vmatrix}3&1&1&1\\1&3&1&1\\1&1&3&1\\1&1&1&3\end{vmatrix}$.

**解** 观察该行列式，各行（列）四个数之和相等.

这是行列式计算中一个重要的类型，这类行列式的特征是行列式行（列）元素相加后相等，通常的做法是将所有行（列）加到第一行（列），提取公因式后，各行（列）减去第一行（列），即可使行列式中出现大量的零元素.

把第二、三、四列同时加到第一列，提出公因子 6，然后各行减去第一行：

$$D\xlongequal{c_1+c_2+c_3+c_4}\begin{vmatrix}6&1&1&1\\6&3&1&1\\6&1&3&1\\6&1&1&3\end{vmatrix}=6\begin{vmatrix}1&1&1&1\\1&3&1&1\\1&1&3&1\\1&1&1&3\end{vmatrix}$$

$$\xlongequal{2,3,4\text{行减去}1\text{行}}6\begin{vmatrix}1&1&1&1\\0&2&0&0\\0&0&2&0\\0&0&0&2\end{vmatrix}=48.$$

**例 9**　证明范德蒙行列式

$$D_n=\begin{vmatrix}1 & 1 & \cdots & 1\\ x_1 & x_2 & \cdots & x_n\\ x_1^2 & x_2^2 & \cdots & x_n^2\\ \vdots & \vdots & & \vdots\\ x_1^{n-1} & x_2^{n-1} & \cdots & x_n^{n-1}\end{vmatrix}=\prod_{n\geqslant i>j\geqslant 1}(x_i-x_j),$$

其中记号“$\prod$”表示全体同类因子的乘积.

**证明**　运用数学归纳法. 因为

$$D_2=\begin{vmatrix}1 & 1\\ x_1 & x_2\end{vmatrix}=x_2-x_1=\prod_{2\geqslant i>j\geqslant 1}(x_i-x_j),$$

所以当 $n=2$ 时，行列式成立.

假设当行列式为 $n-1$ 阶时范德蒙行列式成立，证明对于 $n$ 阶范德蒙行列式也成立.

为此，设法把 $D_n$ 降阶：从第 $n$ 行开始，后行减去前行的 $x_1$ 倍，有

$$D_n=\begin{vmatrix}1 & 1 & 1 & \cdots & 1\\ 0 & x_2-x_1 & x_3-x_1 & \cdots & x_n-x_1\\ 0 & x_2(x_2-x_1) & x_3(x_3-x_1) & \cdots & x_n(x_n-x_1)\\ \vdots & \vdots & \vdots & & \vdots\\ 0 & x_2^{n-2}(x_2-x_1) & x_3^{n-2}(x_3-x_1) & \cdots & x_n^{n-2}(x_n-x_1)\end{vmatrix}.$$

按第一列展开，并把每列的公因子 $x_i-x_1$ 提出，就有

$$D_n=(x_2-x_1)(x_3-x_1)\cdots(x_n-x_1)\begin{vmatrix}1 & 1 & \cdots & 1\\ x_2 & x_3 & \cdots & x_n\\ \vdots & \vdots & & \vdots\\ x_2^{n-2} & x_3^{n-2} & \cdots & x_n^{n-2}\end{vmatrix}.$$

上式右端的行列式是 $n-1$ 阶范德蒙行列式，按归纳法假设，它等于所有 $x_i-x_j$ 因子的乘积，其中 $n\geqslant i>j\geqslant 2$. 故

$$D_n=(x_2-x_1)(x_3-x_1)\cdots(x_n-x_1)\prod_{n\geqslant i>j\geqslant 2}(x_i-x_j)=\prod_{n\geqslant i>j\geqslant 1}(x_i-x_j).$$

**例 10**　计算 $D=\begin{vmatrix}1 & 1 & 1 & 1 & 1\\ 1 & 2 & 3 & 4 & 5\\ 1 & 2^2 & 3^2 & 4^2 & 5^2\\ 1 & 2^3 & 3^3 & 4^3 & 5^3\\ 1 & 2^4 & 3^4 & 4^4 & 5^4\end{vmatrix}$.

**解**　由题易知，该行列式为范德蒙行列式，应用例 9 结论，则

$$D=(2-1)(3-1)(4-1)(5-1)(3-2)(4-2)(5-2)(4-3)(5-3)(5-4)=288.$$

**例 11** 计算行列式 $D=\begin{vmatrix}1&1&1&1\\1&2&0&0\\1&0&3&0\\1&0&0&4\end{vmatrix}$.

**解** 这类行列式的特征是除了第一行、第一列及主对角线元素外其余元素全为 0，称为箭型（爪型）行列式. 对这类行列式可以利用行列式的性质将其化为三角形行列式来计算.

第一列依次减去第二列的$\frac{1}{2}$，第三列的$\frac{1}{3}$，第四列的$\frac{1}{4}$，得

$$D=\begin{vmatrix}1-\frac{1}{2}-\frac{1}{3}-\frac{1}{4}&1&1&1\\0&2&0&0\\0&0&3&0\\0&0&0&4\end{vmatrix}$$

$$=-\frac{1}{12}\times2\times3\times4=-2.$$

**例 12** 设

$$D=\begin{vmatrix}a_{11}&a_{12}&0&0&0\\a_{21}&a_{22}&0&0&0\\c_{11}&c_{12}&b_{11}&b_{12}&b_{13}\\c_{21}&c_{22}&b_{21}&b_{22}&b_{23}\\c_{31}&c_{32}&b_{31}&b_{32}&b_{33}\end{vmatrix},$$

$$D_1=\begin{vmatrix}a_{11}&a_{12}\\a_{21}&a_{22}\end{vmatrix},\quad D_2=\begin{vmatrix}b_{11}&b_{12}&b_{13}\\b_{21}&b_{22}&b_{23}\\b_{31}&b_{32}&b_{33}\end{vmatrix},$$

证明 $D=D_1D_2$.

**证** 由行列式定义得

$$D=a_{11}A_{11}+a_{12}A_{12}$$

$$=a_{11}\begin{vmatrix}a_{22}&0&0&0\\c_{12}&b_{11}&b_{12}&b_{13}\\c_{22}&b_{21}&b_{22}&b_{23}\\c_{32}&b_{31}&b_{32}&b_{33}\end{vmatrix}+(-1)^{1+2}a_{12}\begin{vmatrix}a_{21}&0&0&0\\c_{11}&b_{11}&b_{12}&b_{13}\\c_{21}&b_{21}&b_{22}&b_{23}\\c_{31}&b_{31}&b_{32}&b_{33}\end{vmatrix}$$

$$=(a_{11}a_{22}-a_{12}a_{21})\begin{vmatrix}b_{11}&b_{12}&b_{13}\\b_{21}&b_{22}&b_{23}\\b_{31}&b_{32}&b_{33}\end{vmatrix}$$

$$=\begin{vmatrix}a_{11}&a_{12}\\a_{21}&a_{22}\end{vmatrix}\begin{vmatrix}b_{11}&b_{12}&b_{13}\\b_{21}&b_{22}&b_{23}\\b_{31}&b_{32}&b_{33}\end{vmatrix}=D_1D_2.$$

类推可得

$$D=\begin{vmatrix} a_{11} & \cdots & a_{1k} & & & \\ \vdots & & \vdots & & 0 & \\ a_{k1} & \cdots & a_{kk} & & & \\ c_{11} & \cdots & c_{1k} & b_{11} & \cdots & b_{1n} \\ \vdots & & \vdots & \vdots & & \vdots \\ c_{n1} & \cdots & c_{nk} & b_{n1} & \cdots & b_{nn} \end{vmatrix}=\begin{vmatrix} a_{11} & \cdots & a_{1k} \\ \vdots & & \vdots \\ a_{k1} & \cdots & a_{kk} \end{vmatrix}\begin{vmatrix} b_{11} & \cdots & b_{1n} \\ \vdots & & \vdots \\ b_{n1} & \cdots & b_{nn} \end{vmatrix}.$$

## 1.4　克莱姆法则

求解含有 $n$ 个未知数 $x_1,x_2,\cdots,x_n$ 的 $n$ 元线性方程组，即

$$\begin{cases} a_{11}x_1+a_{12}x_2+\cdots+a_{1n}x_n=b_1 \\ a_{21}x_1+a_{22}x_2+\cdots+a_{2n}x_n=b_2 \\ \cdots\cdots\cdots\cdots \\ a_{n1}x_1+a_{n2}x_2+\cdots+a_{nn}x_n=b_n \end{cases} \tag{1}$$

线性方程组（1）与二、三元线性方程组类似，它的解可以用 $n$ 阶行列式表示.

**克莱姆法则**　如果线性方程组（1）的系数行列式不等于零，即

$$D=\begin{vmatrix} a_{11} & \cdots & a_{1n} \\ \vdots & & \vdots \\ a_{n1} & \cdots & a_{nn} \end{vmatrix}\neq 0,$$

那么，方程组（1）有唯一解

$$x_1=\frac{D_1}{D},x_2=\frac{D_2}{D},\cdots,x_n=\frac{D_n}{D}. \tag{2}$$

其中 $D_j(j=1,2,\cdots,n)$ 是把系数行列式 $D$ 中第 $j$ 列的元素用方程组右端的常数项代替后所得到的 $n$ 阶行列式，即

$$D_j=\begin{vmatrix} a_{11} & \cdots & a_{1,j-1} & b_1 & a_{1,j+1} & \cdots & a_{1n} \\ \vdots & & \vdots & \vdots & \vdots & & \vdots \\ a_{n1} & \cdots & a_{n,j-1} & b_n & a_{n,j+1} & \cdots & a_{nn} \end{vmatrix}.$$

**例 1**　解线性方程组

$$\begin{cases} 2x_1+x_2-5x_3+x_4=8 \\ x_1-3x_2-6x_4=9 \\ 2x_2-x_3+2x_4=-5 \\ x_1+4x_2-7x_3+6x_4=0 \end{cases}.$$

**解**

$$D=\begin{vmatrix}2&1&-5&1\\1&-3&0&-6\\0&2&-1&2\\1&4&-7&6\end{vmatrix}\xlongequal[r_4-r_2]{r_1-2r_2}\begin{vmatrix}0&7&-5&13\\1&-3&0&-6\\0&2&-1&2\\0&7&-7&12\end{vmatrix}$$

$$=-\begin{vmatrix}7&-5&13\\2&-1&2\\7&-7&12\end{vmatrix}\xlongequal[c_3+2c_2]{c_1+2c_2}-\begin{vmatrix}-3&-5&3\\0&-1&0\\-7&-7&-2\end{vmatrix}$$

$$=\begin{vmatrix}-3&3\\-7&-2\end{vmatrix}=27,$$

$$D_1=\begin{vmatrix}8&1&-5&1\\9&-3&0&-6\\-5&2&-1&2\\0&4&-7&6\end{vmatrix}=81,\quad D_2=\begin{vmatrix}2&8&-5&1\\1&9&0&-6\\0&-5&-1&2\\1&0&-7&6\end{vmatrix}=-108,$$

$$D_3=\begin{vmatrix}2&1&8&1\\1&-3&9&-6\\0&2&-5&2\\1&4&0&6\end{vmatrix}=-27,\quad D_4=\begin{vmatrix}2&1&-5&8\\1&-3&0&9\\0&2&-1&-5\\1&4&-7&0\end{vmatrix}=27,$$

于是 $x_1=3,\quad x_2=-4,\quad x_3=-1,\quad x_4=1.$

克莱姆法则有重大的理论价值，可叙述为下面的重要定理.

**定理 1.3** 如果线性方程组（1）的系数行列式 $D\neq 0$，则线性方程组（1）一定有解，且解是唯一的.

定理 1.3 的逆否命题可表述为：

**定理 1.3′** 如果线性方程组（1）无解或有两个不同的解，则它的系数行列式必为零.

当线性方程组（1）右端的常数项 $b_1,b_2,\cdots,b_n$ 不全为零时，线性方程组（1）叫作非齐次方程组；当 $b_1,b_2,\cdots,b_n$ 全为零时，线性方程组（1）叫作齐次方程组.

对于齐次线性方程组

$$\begin{cases}a_{11}x_1+a_{12}x_2+\cdots+a_{1n}x_n=0\\a_{21}x_1+a_{22}x_2+\cdots+a_{2n}x_n=0\\\cdots\cdots\cdots\cdots\\a_{n1}x_1+a_{n2}x_2+\cdots+a_{nn}x_n=0\end{cases}\tag{3}$$

$x_1=x_2=\cdots=x_n=0$ 一定是它的解，这个解叫作齐次方程组（3）的零解. 如果一组不全为零的数是齐次方程组（3）的解，则它叫作齐次方程组（3）的非零解. 齐次方程组（3）一定有零解，但不一定有非零解.

把定理 1.3 应用于齐次方程组（3），可得如下定理.

**定理 1.4** 如果齐次方程组（3）的系数行列式 $D\neq 0$，则齐次方程组（3）没有非零解.

**定理 1.4′** 如果齐次方程组（3）有非零解，则它的系数行列式必为零.

**例 2**　问 $\lambda$ 取何值时，齐次方程组

$$\begin{cases}(5-\lambda)x+2y+2z=0\\2x+(6-\lambda)y=0\\2x+(4-\lambda)z=0\end{cases}\tag{4}$$

有非零解？

**解**　由定理 4.2′可知，若齐次方程组（4）有非零解，则齐次方程组（4）的系数行列式 $D=0$．而

$$D=\begin{vmatrix}5-\lambda & 2 & 2\\2 & 6-\lambda & 0\\2 & 0 & 4-\lambda\end{vmatrix}$$

$$=(5-\lambda)(6-\lambda)(4-\lambda)-4(4-\lambda)-4(6-\lambda)$$
$$=(5-\lambda)(2-\lambda)(8-\lambda),$$

由 $D=0$，得 $\lambda=2$，$\lambda=5$ 或 $\lambda=8$．

不难验证，当 $\lambda=2$，5 或 8 时，齐次方程组（4）确有非零解.

需要注意的是，本节的定理与推论仅仅适用于未知数的个数与方程个数相等的情况. 若其不等，会用到第二章矩阵的相关知识进行解决.

# 第 2 章　矩　阵

矩阵是线性代数的核心概念之一，其相关理论构成了线性代数的基本内容. 自然科学、工程技术和国民经济等众多领域中的实际问题都可以借助矩阵进行讨论. 本章主要介绍矩阵的概念、矩阵的运算、可逆矩阵、矩阵的初等变换与初等矩阵、矩阵的秩和分块矩阵等.

## 2.1　矩阵的概念

在解决生活中的很多实际问题时都要处理一些数表，矩阵就是在处理这些数表时抽象出来的一个数学概念.

### 2.1.1　矩阵的定义

**定义 2.1**　由 $m\times n$ 个数 $a_{ij}\left(i=1,2,\cdots,m;j=1,2,\cdots,n\right)$ 排成的 $m$ 行 $n$ 列的数表

$$\begin{matrix} a_{11} & a_{12} & \cdots & a_{1n} \\ a_{21} & a_{22} & \cdots & a_{2n} \\ \vdots & \vdots & & \vdots \\ a_{m1} & a_{m2} & \cdots & a_{mn} \end{matrix}$$

称为 $m$ 行 $n$ 列的**矩阵**，简称 $m\times n$ 矩阵. 为表示它是一个整体，总是加一个小括号或者中括号，并用大写黑体字母 $\boldsymbol{A},\boldsymbol{B},\boldsymbol{C},\cdots$ 或 $\boldsymbol{A}_{m\times n},\boldsymbol{B}_{m\times n},\boldsymbol{C}_{m\times n},\cdots$ 表示，记作

$$\boldsymbol{A}=\begin{pmatrix} a_{11} & a_{12} & \cdots & a_{1n} \\ a_{21} & a_{22} & \cdots & a_{2n} \\ \vdots & \vdots & & \vdots \\ a_{m1} & a_{m2} & \cdots & a_{mn} \end{pmatrix} \quad 或 \quad \boldsymbol{A}=\begin{bmatrix} a_{11} & a_{12} & \cdots & a_{1n} \\ a_{21} & a_{22} & \cdots & a_{2n} \\ \vdots & \vdots & & \vdots \\ a_{m1} & a_{m2} & \cdots & a_{mn} \end{bmatrix}.$$

这 $m\times n$ 个数称为矩阵 $\boldsymbol{A}$ 的**元素**，简称**元**，其中 $a_{ij}$ 是 $\boldsymbol{A}$ 的第 $i$ 行第 $j$ 列元素. $m\times n$ 矩阵也简记为 $[a_{ij}]$ 或 $[a_{ij}]_{m\times n}$ .

下面看几个用矩阵表示的实例.

**例 1**　某航空公司在四个城市之间的单向航线如图 2.1 所示，城市间的连线和箭头表示城市之间航线的路线和方向. 若令

$$a_{ij}=\begin{cases}1, & \text{从}i\text{市到}j\text{市有一条单向航线}\\0, & \text{从}i\text{市到}j\text{市没有单向航线}\end{cases},$$

则图 2.1 可用矩阵表示为

$$\boldsymbol{A}=(a_{ij})=\begin{bmatrix}0&1&1&1\\1&0&0&0\\0&1&0&0\\1&0&1&0\end{bmatrix}.$$

一般地，若干个点之间的单向通道都可用这样的矩阵表示.

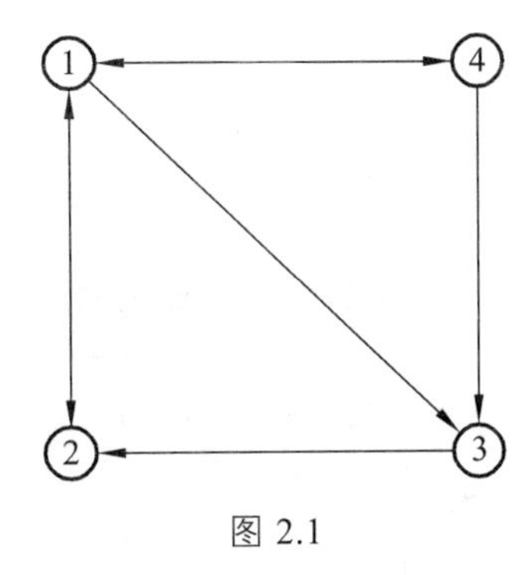


图 2.1

**例 2**　某个班级 3 个同学，四门成绩的考试成绩如表 2.1 所示.

表 2.1

| 科目 | 小王 | 小胖 | 小李 |
| --- | --- | --- | --- |
| 语文 | 85 | 76 | 90 |
| 数学 | 80 | 78 | 85 |
| 英语 | 75 | 90 | 85 |
| 物理 | 60 | 20 | 80 |

那么，表 2.1 中的成绩可以构成一个矩形数表：

$$\begin{bmatrix}85&76&90\\80&78&85\\75&90&85\\60&20&80\end{bmatrix}.$$

**例 3**　2008 年 5 月 12 日 14 时 28 分，四川省汶川县发生了 8.0 级地震，这一突如其来的灾难给灾区同胞造成了巨大的创伤和痛苦. 面对这场惨烈的地震灾害，中国共产党带领全国人民共赴时艰、抗震救灾. 全国人民纷纷捐款、捐物，甚至直奔前线参与救援，其中部分省市捐款数目如表 2.2 所示.

表 2.2

| 部分省市 | A | B | C | D | E | F |
|---|---|---|---|---|---|---|
| 捐款/亿元 | 15.203 | 34.12 | 21.3443 | 8.37 | 7.65 | 5.87 |
| 救灾物资/亿元 | 2.483 | 3.8 | 3.9 | 0.53 | 0.4479 | 0.48 |

表 2.2 中的数据可以构成一个矩形数表：

$$\begin{bmatrix} 15.203 & 34.12 & 21.344\,3 & 8.37 & 7.65 & 5.87 \\ 2.483 & 3.8 & 3.9 & 0.53 & 0.447\,9 & 0.48 \end{bmatrix}$$

可见，矩阵是一个矩形的“数表”. 后面我们只讨论元素是实数的矩阵.

### 2.1.2　几种特殊的矩阵

1. 方　阵

行数与列数都等于 $n$ 的矩阵称为 $n$ **阶矩阵**或 $n$ **阶方阵**，记作 $\boldsymbol{A}_n$，即

$$\boldsymbol{A}_n=\begin{bmatrix} a_{11} & a_{12} & \cdots & a_{1n} \\ a_{21} & a_{22} & \cdots & a_{2n} \\ \vdots & \vdots & & \vdots \\ a_{n1} & a_{n2} & \cdots & a_{nn} \end{bmatrix}.$$

其中从左上角到右下角的对角线上的元素 $a_{11},a_{22},\cdots,a_{nn}$ 称为主对角线元素.

2. 三角矩阵

如果方阵 $\boldsymbol{A}=[a_{ij}]_{n\times n}$ 主对角线以下的元素全为零，即满足 $a_{ij}=0$（$i>j$；$i=1$，2，…，$n$；$j=1$，2，…，$n$），则称矩阵 $\boldsymbol{A}$ 为**上三角矩阵**，即

$$\boldsymbol{A}=\begin{bmatrix} a_{11} & a_{12} & \cdots & a_{1n} \\ 0 & a_{22} & \cdots & a_{2n} \\ \vdots & \vdots & & \vdots \\ 0 & 0 & \cdots & a_{nn} \end{bmatrix}.$$

如果方阵 $\boldsymbol{A}=[a_{ij}]_{n\times n}$ 主对角线以上的元素全为零，即满足 $a_{ij}=0$（$i<j$；$i=1$，2，…，$n$；$j=1$，2，…，$n$），则称矩阵 $\boldsymbol{A}$ 为**下三角矩阵**，即

$$\boldsymbol{A}=\begin{bmatrix} a_{11} & 0 & \cdots & 0 \\ a_{21} & a_{22} & \cdots & 0 \\ \vdots & \vdots & & \vdots \\ a_{n1} & a_{n2} & \cdots & a_{nn} \end{bmatrix}.$$

例如，$\boldsymbol{A}=\begin{bmatrix}1&0&\cdots&0\\2&2&\cdots&0\\\vdots&\vdots&&\vdots\\n&n&\cdots&n\end{bmatrix}$是一个下三角矩阵.

3. 对角矩阵

如果方阵 $\boldsymbol{A}$ 主对角线以外的元素都为零，即 $a_{ij}=0$（$i\neq j$；$i=1$，2，…，$n$；$j=1$，2，…，$n$），则这个方阵 $\boldsymbol{A}$ 称为**对角矩阵**，即

$$\boldsymbol{A}=\begin{bmatrix}a_{11}&0&\cdots&0\\0&a_{22}&\cdots&0\\\vdots&\vdots&&\vdots\\0&0&\cdots&a_{nn}\end{bmatrix}.$$

例如，$\boldsymbol{A}=\begin{bmatrix}1&0&\cdots&0\\0&2&\cdots&0\\\vdots&\vdots&&\vdots\\0&0&\cdots&n\end{bmatrix}$是一个对角矩阵.

对角矩阵也记为 $\boldsymbol{A}=\mathrm{diag}(a_{11},a_{22},\cdots,a_{nn})$.

4. 数量矩阵

对角阵 $\boldsymbol{A}$ 中，当 $a_{11}=a_{22}=\cdots=a_{nn}=a$ 时，则称 $\boldsymbol{A}$ 为**数量矩阵**，即

$$\boldsymbol{A}=\begin{bmatrix}a&0&\cdots&0\\0&a&\cdots&0\\\vdots&\vdots&&\vdots\\0&0&\cdots&a\end{bmatrix}.$$

例如，$\boldsymbol{A}=\begin{bmatrix}5&0&0\\0&5&0\\0&0&5\end{bmatrix}$为 3 阶数量矩阵.

5. 单位矩阵

对于数量矩阵，当 $a=1$ 时称为**单位矩阵**，记为 $\boldsymbol{E}_n$ 或 $\boldsymbol{E}$，即

$$\boldsymbol{E}=\begin{bmatrix}1&0&\cdots&0\\0&1&\cdots&0\\\vdots&\vdots&&\vdots\\0&0&\cdots&1\end{bmatrix}.$$

例如，$\boldsymbol{E}=\begin{bmatrix}1&0&0\\0&1&0\\0&0&1\end{bmatrix}$为 3 阶单位矩阵.

6. 对称矩阵

如果方阵 $\boldsymbol{A}=[a_{ij}]_{n\times n}$ 中的元素满足 $a_{ij}=a_{ji}$（$i=1$，2，…，$n$；$j=1$，2，…，$n$），则称矩阵 $\boldsymbol{A}$ 为**对称矩阵**，即

$$\boldsymbol{A}=\begin{bmatrix} a_{11} & a_{12} & \cdots & a_{1n} \\ a_{12} & a_{22} & \cdots & a_{2n} \\ \vdots & \vdots & & \vdots \\ a_{1n} & a_{2n} & \cdots & a_{nn} \end{bmatrix}.$$

例如，$\begin{bmatrix} 3 & 1 \\ 1 & -5 \end{bmatrix}$为 2 阶对称矩阵，$\begin{bmatrix} 1 & -5 & 0 \\ -5 & 2 & 4 \\ 0 & 4 & 3 \end{bmatrix}$为 3 阶对称矩阵.

7. 反对称矩阵

如果方阵 $\boldsymbol{A}=[a_{ij}]_{n\times n}$ 中的元素满足 $a_{ij}=-a_{ji}$（$i=1$，2，…，$n$；$j=1$，2，…，$n$），则称矩阵 $\boldsymbol{A}$ 为**反对称矩阵**. 对于反对称矩阵 $\boldsymbol{A}$，有 $a_{ii}=-a_{ii}$，即 $a_{ii}=0(i=1,2,\cdots,n)$，因此反对称矩阵的主对角线元素全为零，即

$$\boldsymbol{A}=\begin{bmatrix} 0 & a_{12} & \cdots & a_{1n} \\ -a_{12} & 0 & \cdots & a_{2n} \\ \vdots & \vdots & & \vdots \\ -a_{1n} & -a_{2n} & \cdots & 0 \end{bmatrix}.$$

例如，$\begin{bmatrix} 0 & -1 \\ 1 & 0 \end{bmatrix}$为 2 阶反对称矩阵，$\begin{bmatrix} 0 & -1 & -2 \\ 1 & 0 & -3 \\ 2 & 3 & 0 \end{bmatrix}$为 3 阶反对称矩阵.

8. 零矩阵

元素都是零的矩阵称为**零矩阵**，记为 $\boldsymbol{O}$ 或 $\boldsymbol{O}_{m\times n}$.

例如，$\begin{bmatrix} 0 & 0 & 0 \\ 0 & 0 & 0 \\ 0 & 0 & 0 \end{bmatrix}$，$\begin{bmatrix} 0 & 0 & 0 \\ 0 & 0 & 0 \end{bmatrix}$都是零矩阵.

9. 行矩阵与列矩阵

只有一行的矩阵

$$[a_1 \quad a_2 \quad \cdots \quad a_n]$$

称为**行矩阵**或 ***n* 维行向量**. 为避免元素间的混淆，行矩阵也记作

$$[a_1,\ a_2,\ \cdots,\ a_n].$$

只有一列的矩阵

$$\begin{bmatrix} b_1 \\ b_2 \\ \vdots \\ b_m \end{bmatrix}$$

称为**列矩阵**或 $m$ **维列向量**．本书中，列向量用黑体小写字母 $\boldsymbol{a}$，$\boldsymbol{b}$，$\boldsymbol{\alpha}$，$\boldsymbol{\beta}$ 等表示．所讨论的向量在没有指明是行向量还是列向量时，都当作列向量．

若干个 $m$ 维的列向量（或 $n$ 维的行向量）所组成的集合叫作向量组．例如

$$\boldsymbol{\alpha}_1=[4\quad 1\quad 0]，\ \boldsymbol{\alpha}_2=[-1\quad 1\quad 3]，\ \boldsymbol{\alpha}_3=[2\quad 0\quad 1]，\ \boldsymbol{\alpha}_4=[1\quad 3\quad 4]$$

是由 4 个 3 维行向量所构成的行向量组；

$$\boldsymbol{\beta}_1=\begin{bmatrix} 4 \\ -1 \\ 2 \\ 1 \end{bmatrix},\quad \boldsymbol{\beta}_2=\begin{bmatrix} 1 \\ 1 \\ 0 \\ 3 \end{bmatrix},\quad \boldsymbol{\beta}_3=\begin{bmatrix} 0 \\ 3 \\ 1 \\ 4 \end{bmatrix}\ \beta_3=\begin{bmatrix} 0 \\ 3 \\ 1 \\ 4 \end{bmatrix}$$

为由 3 个 4 维列向量所构成的列向量组．

矩阵

$$\boldsymbol{A}=\begin{bmatrix} 4 & 1 & 0 \\ -1 & 1 & 3 \\ 2 & 0 & 1 \\ 1 & 3 & 4 \end{bmatrix}$$

既可视为由 4 个 3 维行向量组 $\{\boldsymbol{\alpha}_1,\boldsymbol{\alpha}_2,\boldsymbol{\alpha}_3,\boldsymbol{\alpha}_4\}$ 构成的矩阵，也可视为由 3 个 4 维列向量组 $\{\boldsymbol{\beta}_1,\boldsymbol{\beta}_2,\boldsymbol{\beta}_3\}$ 构成的矩阵．

所以，矩阵可看成是由行向量组或列向量组所构成的．

## 2.2　矩阵的运算

矩阵的作用不仅在于它把一组数排成矩形数表，而且还在于它定义了一些有理论意义和实际意义的运算，从而使其成为理论研究和解决实际问题的重要工具．本节介绍了矩阵的加法、矩阵与数的乘法、矩阵的乘法以及矩阵的转置运算．

两个矩阵的行数相等、列数也相等时，就称它们是**同型矩阵**．如果 $\boldsymbol{A}=[a_{ij}]$ 与 $\boldsymbol{B}=[b_{ij}]$ 是同型矩阵，并且它们的对应元素相等，即

$$a_{ij}=b_{ij}\ \ (i=1,2,\cdots,m；\ j=1,2,\cdots,n)，$$

则称矩阵 $\boldsymbol{A}$ 与矩阵 $\boldsymbol{B}$ **相等**，记作 $\boldsymbol{A}=\boldsymbol{B}$ .

**注意：**不同型的零矩阵是不相等的.

**例 1** 设矩阵 $\boldsymbol{A}=\begin{bmatrix}1 & 1-a\\ b-2 & -2\end{bmatrix}$，$\boldsymbol{B}=\begin{bmatrix}c-1 & 2\\ 0 & -2\end{bmatrix}$，且 $\boldsymbol{A}=\boldsymbol{B}$ ，试求 $a$，$b$，$c$.

**解** 由 $\boldsymbol{A}=\boldsymbol{B}$ ，有

$$1=c-1\ ,\ \ 1-a=2\ ,\ \ b-2=0\ ,$$

解得

$$a=-1\ ,\ \ b=2\ ,\ \ c=2\ .$$

## 2.2.1 矩阵的加法

**定义 2.2** 设有两个 $m\times n$ 矩阵 $\boldsymbol{A}=[a_{ij}]$ 和 $\boldsymbol{B}=[b_{ij}]$，将矩阵 $\boldsymbol{A}$，$\boldsymbol{B}$ 对应位置的元素相加得到 $m\times n$ 矩阵 $[a_{ij}+b_{ij}]$，称为矩阵 $\boldsymbol{A}$ 与矩阵 $\boldsymbol{B}$ 的**和**，记作 $\boldsymbol{A}+\boldsymbol{B}$ ，即

$$\boldsymbol{A}+\boldsymbol{B}=\begin{bmatrix}a_{11}+b_{11} & a_{12}+b_{12} & \cdots & a_{1n}+b_{1n}\\ a_{21}+b_{21} & a_{22}+b_{22} & \cdots & a_{2n}+b_{2n}\\ \vdots & \vdots & & \vdots\\ a_{m1}+b_{m1} & a_{m2}+b_{m2} & \cdots & a_{mn}+b_{mn}\end{bmatrix}.$$

应该注意，只有当两个矩阵是同型矩阵时才能相加.

由于矩阵的加法可以归结为它们元素的加法，也就是数的加法，所以不难验证有以下运算规律（设矩阵 $\boldsymbol{A}$，$\boldsymbol{B}$，$\boldsymbol{C}$，$\boldsymbol{O}$ 都是 $m\times n$ 矩阵）：

（1）交换律：$\boldsymbol{A}+\boldsymbol{B}=\boldsymbol{B}+\boldsymbol{A}$;

（2）结合律：$(\boldsymbol{A}+\boldsymbol{B})+\boldsymbol{C}=\boldsymbol{A}+(\boldsymbol{B}+\boldsymbol{C})$;

（3）$\boldsymbol{A}+\boldsymbol{O}=\boldsymbol{O}+\boldsymbol{A}=\boldsymbol{A}$.

（4）设矩阵 $\boldsymbol{A}=[a_{ij}]$，称矩阵 $[-a_{ij}]$ 为矩阵 $\boldsymbol{A}$ 的**负矩阵**，记作 $-\boldsymbol{A}=[-a_{ij}]$. 显然有

$$\boldsymbol{A}+(-\boldsymbol{A})=\boldsymbol{O}\ .$$

由此规定矩阵的减法为

$$\boldsymbol{A}-\boldsymbol{B}=\boldsymbol{A}+(-\boldsymbol{B})\ .$$

**例 2** 设矩阵 $\boldsymbol{A}=\begin{bmatrix}-1 & 2 & 3\\ 0 & 3 & -2\end{bmatrix}$，$\boldsymbol{B}=\begin{bmatrix}4 & 3 & 2\\ 5 & -3 & 0\end{bmatrix}$，求 $\boldsymbol{A}+\boldsymbol{B}$ ，$\boldsymbol{A}-\boldsymbol{B}$ .

**解**

$$\boldsymbol{A}+\boldsymbol{B}=\begin{bmatrix}-1+4 & 2+3 & 3+2\\ 0+5 & 3+(-3) & -2+0\end{bmatrix}=\begin{bmatrix}3 & 5 & 5\\ 5 & 0 & -2\end{bmatrix},$$

$$\boldsymbol{A}-\boldsymbol{B}=\begin{bmatrix}-1-4 & 2-3 & 3-2\\ 0-5 & 3-(-3) & -2-0\end{bmatrix}=\begin{bmatrix}-5 & -1 & 1\\ -5 & 6 & -2\end{bmatrix}.$$

### 2.2.2 数与矩阵相乘

**定义 2.3** 以数$\lambda$乘以矩阵 $\boldsymbol{A}$ 中的每一个元素所得到的矩阵称为数$\lambda$与矩阵 $\boldsymbol{A}$ 的数量乘积，简称**矩阵的数乘**，记作 $\lambda\boldsymbol{A}$或 $\boldsymbol{A}\lambda$，即

$$\lambda\boldsymbol{A}=\boldsymbol{A}\lambda=\begin{bmatrix}\lambda a_{11} & \lambda a_{12} & \cdots & \lambda a_{1n}\\ \lambda a_{21} & \lambda a_{22} & \cdots & \lambda a_{2n}\\ \vdots & \vdots & & \vdots\\ \lambda a_{m1} & \lambda a_{m2} & \cdots & \lambda a_{mn}\end{bmatrix}.$$

**例 3** 某工厂生产甲、乙、丙三种类型的产品. 现需将这三种产品运往 $A$ 市，且每种类型的产品均运送 $\lambda$ 件，假设每种产品的单位运费（单位：元）和单位利润（单位：元）如表 2.3 所示. 试求各种产品的总运费和总利润.

表 2.3

| 产品 | 单位运费 | 单位利润 |
| --- | --- | --- |
| 甲 | $a_{11}$ | $a_{12}$ |
| 乙 | $a_{21}$ | $a_{22}$ |
| 丙 | $a_{31}$ | $a_{32}$ |

**解** 依题意，甲、乙、丙三种产品的总运费和总利润如表 2.4 所示.

表 2.4

| 产品 | 总运费 | 总利润 |
| --- | --- | --- |
| 甲 | $\lambda a_{11}$ | $\lambda a_{12}$ |
| 乙 | $\lambda a_{21}$ | $\lambda a_{22}$ |
| 丙 | $\lambda a_{31}$ | $\lambda a_{32}$ |

表 2.3、表 2.4 中的数据分别用矩阵 $\boldsymbol{A}$，$\boldsymbol{B}$ 来表示，即

$$\boldsymbol{A}=\begin{bmatrix}a_{11} & a_{12}\\ a_{21} & a_{22}\\ a_{31} & a_{32}\end{bmatrix},\quad \boldsymbol{B}=\begin{bmatrix}\lambda a_{11} & \lambda a_{12}\\ \lambda a_{21} & \lambda a_{22}\\ \lambda a_{31} & \lambda a_{32}\end{bmatrix}\triangleq\lambda\boldsymbol{A}.$$

**注意**：数和行列式相乘与数和矩阵相乘的区别. 数 $\lambda$ 乘以行列式 $\boldsymbol{D}$，是将数 $\lambda$ 乘以行列式 $\boldsymbol{D}$ 的某一行（列）中的所有元素；而数 $\lambda$ 乘以矩阵 $\boldsymbol{A}$，则是将数 $\lambda$ 乘以矩阵 $\boldsymbol{A}$ 中的每一个元素.

设 $\boldsymbol{A}$，$\boldsymbol{B}$ 都是 $m\times n$ 矩阵，$k$，$h$ 为任意实数. 由数与矩阵乘法的定义，容易验证数乘具有下列运算规律：

（1）$k(\boldsymbol{A}+\boldsymbol{B})=k\boldsymbol{A}+k\boldsymbol{B}$；

（2）$(k+h)\boldsymbol{A}=k\boldsymbol{A}+h\boldsymbol{A}$；

（3）$(kh)\boldsymbol{A}=k(h\boldsymbol{A})$；

（4）$1\boldsymbol{A}=\boldsymbol{A}$，$0\boldsymbol{A}=\boldsymbol{O}$.

矩阵相加与数乘矩阵结合起来，统称为**矩阵的线性运算**. 特别地，向量（行矩阵或列矩阵）的加法和数乘，统称为**向量的线性运算**.

给定向量组 $\boldsymbol{A}:\boldsymbol{\alpha}_1,\boldsymbol{\alpha}_2,\cdots,\boldsymbol{\alpha}_m$，对于任何一组实数 $k_1,k_2,\cdots,k_m$，表达式

$$k_1\boldsymbol{\alpha}_1+k_2\boldsymbol{\alpha}_2+\cdots+k_m\boldsymbol{\alpha}_m$$

称为向量组 $\boldsymbol{A}$ 的一个**线性组合**.

若 $n$ 维向量 $\boldsymbol{\beta}$ 与向量组 $\boldsymbol{A}:\boldsymbol{\alpha}_1,\boldsymbol{\alpha}_2,\cdots,\boldsymbol{\alpha}_m$ 之间存在如下关系：

$$\boldsymbol{\beta}=k_1\boldsymbol{\alpha}_1+k_2\boldsymbol{\alpha}_2+\cdots+k_m\boldsymbol{\alpha}_m$$

则称向量 $\boldsymbol{\beta}$ 是向量组 $\boldsymbol{A}:\boldsymbol{\alpha}_1,\boldsymbol{\alpha}_2,\cdots,\boldsymbol{\alpha}_m$ 的线性组合，并称向量 $\boldsymbol{\beta}$ 可由向量组 $\boldsymbol{A}:\boldsymbol{\alpha}_1,\boldsymbol{\alpha}_2,\cdots,\boldsymbol{\alpha}_m$ 线性表示（或线性表出）.

例如，对于向量 $\boldsymbol{\alpha}_1=\begin{bmatrix}1\\2\\3\end{bmatrix}$，$\boldsymbol{\alpha}_2=\begin{bmatrix}2\\3\\4\end{bmatrix}$，$\boldsymbol{\beta}=\begin{bmatrix}3\\5\\7\end{bmatrix}$ 组成的向量组，因为 $\boldsymbol{\beta}=\boldsymbol{\alpha}_1+\boldsymbol{\alpha}_2$，所以说向量 $\boldsymbol{\beta}$ 是向量组 $\boldsymbol{\alpha}_1$，$\boldsymbol{\alpha}_2$ 的线性组合，或说向量 $\boldsymbol{\beta}$ 可由向量组 $\boldsymbol{\alpha}_1$，$\boldsymbol{\alpha}_2$ 线性表示.

### 2.2.3 矩阵与矩阵相乘

**例 4** 某企业有两个工厂Ⅰ和Ⅱ，生产甲、乙、丙三种类型的产品. 生产每种类型产品的数量如表 2.5 所示，生产每种产品的单位价格（单位：元）和单位利润（单位：元）如表 2.6 所示. 试求各工厂的总收入和总利润.

表 2.5

| 产品数量 | 甲 | 乙 | 丙 |
|---|---|---|---|
| Ⅰ | $a_{11}$ | $a_{12}$ | $a_{13}$ |
| Ⅱ | $a_{21}$ | $a_{22}$ | $a_{23}$ |

表 2.6

| 产品 | 单位价格 | 单位利润 |
|---|---|---|
| 甲 | $b_{11}$ | $b_{12}$ |
| 乙 | $b_{21}$ | $b_{22}$ |
| 丙 | $b_{31}$ | $b_{32}$ |

**解** 依题意，两工厂的总收入和总利润如表 2.7 所示.

表 2.7

| 工厂 | 总收入 | 总利润 |
|---|---|---|
| Ⅰ | $a_{11}b_{11}+a_{12}b_{21}+a_{13}b_{31}$ | $a_{11}b_{12}+a_{12}b_{22}+a_{13}b_{32}$ |
| Ⅱ | $a_{21}b_{11}+a_{22}b_{21}+a_{23}b_{31}$ | $a_{21}b_{12}+a_{22}b_{22}+a_{23}b_{32}$ |

表 2.5 ~ 表 2.7 中的数据分别用矩阵 $\boldsymbol{A}$，$\boldsymbol{B}$，$\boldsymbol{C}$ 来表示，即

$$\boldsymbol{A}=\begin{bmatrix} a_{11} & a_{12} & a_{13} \\ a_{21} & a_{22} & a_{23} \end{bmatrix},\quad \boldsymbol{B}=\begin{bmatrix} b_{11} & b_{12} \\ b_{21} & b_{22} \\ b_{31} & b_{32} \end{bmatrix},$$

$$\boldsymbol{C}=\begin{bmatrix} a_{11}b_{11}+a_{12}b_{21}+a_{13}b_{31} & a_{11}b_{12}+a_{12}b_{22}+a_{13}b_{32} \\ a_{21}b_{11}+a_{22}b_{21}+a_{23}b_{31} & a_{21}b_{12}+a_{22}b_{22}+a_{23}b_{32} \end{bmatrix}.$$

若记 $\boldsymbol{C}=\begin{bmatrix} c_{11} & c_{12} \\ c_{21} & c_{22} \end{bmatrix}$，其中 $c_{ij}=a_{i1}b_{1j}+a_{i2}b_{2j}+a_{i3}b_{3j}\ (i=1,2;\quad j=1,2)$，则矩阵 $\boldsymbol{A}$，$\boldsymbol{B}$，$\boldsymbol{C}$ 之间的关系为：矩阵 $\boldsymbol{C}$ 由矩阵 $\boldsymbol{A}$，$\boldsymbol{B}$ 确定，即矩阵 $\boldsymbol{C}$ 中的第 $i$ 行、第 $j$ 列的元素是由 $\boldsymbol{A}$ 中第 $i$ 行与 $\boldsymbol{B}$ 中第 $j$ 列对应元素相乘再相加后得到的.

我们把上述这种由矩阵 $\boldsymbol{A}$ 和矩阵 $\boldsymbol{B}$ 确定的矩阵 $\boldsymbol{C}$ 的运算称为矩阵的乘积.

**定义 2.4**　设矩阵 $\boldsymbol{A}=[a_{ij}]_{m\times s}$，$\boldsymbol{B}=[b_{ij}]_{s\times n}$，规定 $\boldsymbol{A}$ 与 $\boldsymbol{B}$ 的乘积为一个 $m\times n$ 的矩阵 $\boldsymbol{C}=[c_{ij}]_{m\times n}$，其中

$$c_{ij}=a_{i1}b_{1j}+a_{i2}b_{2j}+\cdots+a_{is}b_{sj}=\sum_{k=1}^{s}a_{ik}b_{kj}\ (i=1,2,\cdots,m;\quad j=1,2,\cdots,n).$$

并将此乘积记作 $\boldsymbol{C}=\boldsymbol{AB}$，称 $\boldsymbol{A}$ 左乘矩阵 $\boldsymbol{B}$，或 $\boldsymbol{B}$ 右乘矩阵 $\boldsymbol{A}$.

**注：**（1）左乘矩阵 $\boldsymbol{A}$ 的列数要等于右乘矩阵 $\boldsymbol{B}$ 的行数，乘法 $\boldsymbol{AB}$ 才有意义.

（2）矩阵 $\boldsymbol{C}$ 的行数等于左乘矩阵 $\boldsymbol{A}$ 的行数，$\boldsymbol{C}$ 的列数等于右乘矩阵 $\boldsymbol{B}$ 的列数.

（3）乘积矩阵的元素 $c_{ij}$ 等于左乘矩阵的第 $i$ 行和右乘矩阵的第 $j$ 列的对应元素的乘积之和.

**例 5**　已知 $\boldsymbol{A}=\begin{bmatrix} 2 & 3 \\ 1 & -2 \\ 3 & 1 \end{bmatrix}$，$\boldsymbol{B}=\begin{bmatrix} 1 & -2 & -3 \\ 2 & 3 & 0 \end{bmatrix}$，$\boldsymbol{C}=\begin{bmatrix} 2 & 1 & 3 \end{bmatrix}$，$\boldsymbol{D}=\begin{bmatrix} 1 \\ 2 \\ 3 \end{bmatrix}$，求 $\boldsymbol{AB}$，$\boldsymbol{BA}$，$\boldsymbol{AC}$，$\boldsymbol{CA}$，$\boldsymbol{CD}$，$\boldsymbol{DC}$.

**解**

$$\boldsymbol{AB}=\begin{bmatrix} 2 & 3 \\ 1 & -2 \\ 3 & 1 \end{bmatrix}\begin{bmatrix} 1 & -2 & -3 \\ 2 & 3 & 0 \end{bmatrix}$$

$$=\begin{bmatrix}2\times1+3\times2 & 2\times(-2)+3\times3 & 2\times(-3)+3\times0\\1\times1+(-2)\times2 & 1\times(-2)+(-2)\times3 & 1\times(-3)+(-2)\times0\\3\times1+1\times2 & 3\times(-2)+1\times3 & 3\times(-3)+1\times0\end{bmatrix}$$

$$=\begin{bmatrix}8 & 5 & -6\\-3 & -8 & -3\\5 & -3 & -9\end{bmatrix};$$

$$\boldsymbol{BA}=\begin{bmatrix}1 & -2 & -3\\2 & 3 & 0\end{bmatrix}\begin{bmatrix}2 & 3\\1 & -2\\3 & 1\end{bmatrix}=\begin{bmatrix}-9 & 4\\7 & 0\end{bmatrix};$$

$\boldsymbol{AC}$ 无定义；

$$\boldsymbol{CA}=[2\quad 1\quad 3]\begin{bmatrix}2 & 3\\1 & -2\\3 & 1\end{bmatrix}=[14\quad 7];$$

$$\boldsymbol{CD}=[2\quad 1\quad 3]\begin{bmatrix}1\\2\\3\end{bmatrix}=[13];$$

$$\boldsymbol{DC}=\begin{bmatrix}1\\2\\3\end{bmatrix}[2\quad 1\quad 3]=\begin{bmatrix}2 & 1 & 3\\4 & 2 & 6\\6 & 3 & 9\end{bmatrix}.$$

**例 6** 设 $\boldsymbol{A}=\begin{bmatrix}-2 & 4\\1 & -2\end{bmatrix}$，$\boldsymbol{B}=\begin{bmatrix}2 & 4\\-3 & -6\end{bmatrix}$，$\boldsymbol{C}=\begin{bmatrix}8 & 8\\0 & -4\end{bmatrix}$，求 $\boldsymbol{AB}$，$\boldsymbol{BA}$，$\boldsymbol{AC}$.

**解** 由矩阵乘积的定义，得

$$\boldsymbol{AB}=\begin{bmatrix}-2 & 4\\1 & -2\end{bmatrix}\begin{bmatrix}2 & 4\\-3 & -6\end{bmatrix}=\begin{bmatrix}-16 & -32\\8 & 16\end{bmatrix},$$

$$\boldsymbol{BA}=\begin{bmatrix}2 & 4\\-3 & -6\end{bmatrix}\begin{bmatrix}-2 & 4\\1 & -2\end{bmatrix}=\begin{bmatrix}0 & 0\\0 & 0\end{bmatrix},$$

$$\boldsymbol{AC}=\begin{bmatrix}-2 & 4\\1 & -2\end{bmatrix}\begin{bmatrix}8 & 8\\0 & -4\end{bmatrix}=\begin{bmatrix}-16 & -32\\8 & 16\end{bmatrix}.$$

由例 6 可以看出，矩阵乘法的两个重要特点是：

（1）矩阵乘法不满足交换律，即一般情况下，$\boldsymbol{AB}\neq\boldsymbol{BA}$.

（2）矩阵乘法不满足消去律，即由 $\boldsymbol{A}\neq\boldsymbol{O}$ 和 $\boldsymbol{AB}=\boldsymbol{AC}$ 不能推出 $\boldsymbol{B}=\boldsymbol{C}$. 特别地，当 $\boldsymbol{BA}=\boldsymbol{O}$ 时，不能得出 $\boldsymbol{A}=\boldsymbol{O}$ 或 $\boldsymbol{B}=\boldsymbol{O}$.

由矩阵乘积的定义，容易验证矩阵的乘积与数和矩阵的乘法满足下列运算规律(设运算可以进行，$\lambda$ 为常数)：

（1）$(\boldsymbol{AB})\boldsymbol{C}=\boldsymbol{A}(\boldsymbol{BC})$；

（2）$A(B+C)=AB+AC$，$(B+C)A=BA+CA$；

（3）$\lambda(AB)=(\lambda A)B=A(\lambda B)$；

（4）$A_{m\times n}E_n=E_mA_{m\times n}=A_{m\times n}$，简写成 $AE=EA=A$.

可见，单位矩阵 $E$ 在矩阵乘法中的作用类似于数 1.

虽然矩阵乘法一般不满足交换律，但一些特殊矩阵有时还是满足交换律的.

**定义 2.5** 如果两个 $n$ 阶方阵 $A$，$B$ 满足 $AB=BA$，则称方阵 $A$ 与 $B$ 是**可交换**的.

例如，数量矩阵 $\lambda E=\begin{bmatrix}\lambda & & & \\ & \lambda & & \\ & & \ddots & \\ & & & \lambda\end{bmatrix}$，当 $A$ 为 $n$ 阶方阵时，有

$$(\lambda E_n)A_n=\lambda A_n=A_n(\lambda E_n).$$

这表明数量矩阵 $\lambda E$ 与任何同阶方阵都是可交换的.

**例 7** 设 $A=\begin{bmatrix}1 & 0\\ 2 & 1\end{bmatrix}$，试求出所有与 $A$ 可交换的矩阵.

**解** 假设矩阵 $B$ 与 $A$ 可交换，则 $B$ 为二阶矩阵. 可令 $B=\begin{bmatrix}a & b\\ c & d\end{bmatrix}$，于是由 $AB=BA$，即

$$\begin{bmatrix}1 & 0\\ 2 & 1\end{bmatrix}\begin{bmatrix}a & b\\ c & d\end{bmatrix}=\begin{bmatrix}a & b\\ c & d\end{bmatrix}\begin{bmatrix}1 & 0\\ 2 & 1\end{bmatrix},$$

得

$$\begin{bmatrix}a & b\\ 2a+c & 2b+d\end{bmatrix}=\begin{bmatrix}a+2b & b\\ c+2d & d\end{bmatrix},$$

所以$\begin{cases}a=d\\ b=0\end{cases}$，即 $B=\begin{bmatrix}a & 0\\ c & a\end{bmatrix}$，其中 $a, c$ 为任意值.

### 2.2.4 方阵的幂

**定义 2.6** 设 $A$ 是 $n$ 阶方阵，$k$ 是正整数，$k$ 个 $A$ 连乘称为 $A$ 的 $k$ 次幂，记作 $A^k$，即

$$A^k=\underbrace{A\cdot A\cdot\cdots\cdot A}_{k个}.$$

由于矩阵乘法适合结合律，所以矩阵的幂满足以下运算规律：

$$A^k\cdot A^l=A^{k+l},\ (A^k)^l=A^{kl},$$

其中 $k$，$l$ 为正整数. 又因为矩阵乘法一般不满足交换律，所以对于两个 $n$ 阶方阵 $A$，$B$，一般说来 $(AB)^k\neq A^kB^k$，只有当 $A,B$ 可交换时，才有 $(AB)^k=A^kB^k$. 类似可知，$(A+B)^2=A^2+2AB+B^2$，$(A+B)(A-B)=A^2-B^2$ 等公式，也只有当 $A,B$ 可交换时才成立.

上节例 1 中有一个四座城市间的单向航线矩阵 $\boldsymbol{A}$，由

$$\boldsymbol{A}=\begin{bmatrix}0&1&1&1\\1&0&0&0\\0&1&0&0\\1&0&1&0\end{bmatrix}\Rightarrow \boldsymbol{A}^2=\begin{bmatrix}2&1&1&0\\0&1&1&1\\1&0&0&0\\0&2&1&1\end{bmatrix}.$$

记 $\boldsymbol{A}^2=\left[b_{ij}\right]$，则 $b_{ij}$ 为从 $i$ 市经一次中转到 $j$ 市的单向航线条数.

例如，

$b_{23}=1$，显示从②市经一次中转到③市的单向航线有 1 条（②→①→③）;

$b_{11}=2$，显示过①市的双向航线有 2 条（①→②→①，①→④→①）;

$b_{32}=0$，显示从③市经一次中转到②市没有单向航线.

### 2.2.5 矩阵的转置

**定义 2.7** 将一个 $m\times n$ 矩阵

$$\boldsymbol{A}=\begin{bmatrix}a_{11}&a_{12}&\cdots&a_{1n}\\a_{21}&a_{22}&\cdots&a_{2n}\\\vdots&\vdots&&\vdots\\a_{m1}&a_{m2}&\cdots&a_{mn}\end{bmatrix}$$

的行和列互换（行变成列，列变成行），得到一个 $n\times m$ 矩阵

$$\begin{bmatrix}a_{11}&a_{21}&\cdots&a_{m1}\\a_{12}&a_{22}&\cdots&a_{m2}\\\vdots&\vdots&&\vdots\\a_{1n}&a_{2n}&\cdots&a_{mn}\end{bmatrix}$$

此矩阵称为矩阵 $\boldsymbol{A}$ 的**转置矩阵**，记为 $\boldsymbol{A}^{\mathrm{T}}$.

特别地，列向量的转置是行向量，行向量的转置是列向量.

例如，$\boldsymbol{\alpha}=\begin{bmatrix}1\\2\\3\\4\end{bmatrix}=[1\quad 2\quad 3\quad 4]^{\mathrm{T}}$.

容易验证，矩阵的转置满足如下规律：

（1）$(\boldsymbol{A}^{\mathrm{T}})^{\mathrm{T}}=\boldsymbol{A}$；

（2）$(\boldsymbol{A}+\boldsymbol{B})^{\mathrm{T}}=\boldsymbol{A}^{\mathrm{T}}+\boldsymbol{B}^{\mathrm{T}}$；

（3）$(k\boldsymbol{A})^{\mathrm{T}}=k\boldsymbol{A}^{\mathrm{T}}$（$k$ 是一个常数）;

（4）$(\boldsymbol{A}\boldsymbol{B})^{\mathrm{T}}=\boldsymbol{B}^{\mathrm{T}}\boldsymbol{A}^{\mathrm{T}}$.

转置矩阵的性质可以推广到多个矩阵的情况，即

$$(A_1 + A_2 + \cdots + A_n)^{\mathrm{T}} = A_1^{\mathrm{T}} + A_2^{\mathrm{T}} + \cdots + A_n^{\mathrm{T}};$$

$$(A_1 A_2 \cdots A_n)^{\mathrm{T}} = A_n^{\mathrm{T}} \cdots A_2^{\mathrm{T}} A_1^{\mathrm{T}}.$$

利用转置矩阵和对称矩阵的定义，容易证明以下两个性质：

（1）$n$ 阶方阵 $A$ 是对称矩阵的充要条件是 $A^{\mathrm{T}} = A$.

（2）$n$ 阶方阵 $A$ 是反对称矩阵的充要条件是 $A^{\mathrm{T}} = -A$.

**例 8**　设 $A = \begin{bmatrix} 2 & 4 \\ -3 & 1 \end{bmatrix}$，$B = \begin{bmatrix} -2 & 4 \\ 1 & -2 \end{bmatrix}$，计算 $(AB)^{\mathrm{T}}$，$B^{\mathrm{T}}A^{\mathrm{T}}$ 和 $A^{\mathrm{T}}B^{\mathrm{T}}$.

**解**

$$AB = \begin{bmatrix} 2 & 4 \\ -3 & 1 \end{bmatrix}\begin{bmatrix} -2 & 4 \\ 1 & -2 \end{bmatrix} = \begin{bmatrix} 0 & 0 \\ 7 & -14 \end{bmatrix},$$

$$(AB)^{\mathrm{T}} = \begin{bmatrix} 0 & 7 \\ 0 & -14 \end{bmatrix},$$

$$B^{\mathrm{T}}A^{\mathrm{T}} = \begin{bmatrix} -2 & 1 \\ 4 & -2 \end{bmatrix}\begin{bmatrix} 2 & -3 \\ 4 & 1 \end{bmatrix} = \begin{bmatrix} 0 & 7 \\ 0 & -14 \end{bmatrix} = (AB)^{\mathrm{T}},$$

$$A^{\mathrm{T}}B^{\mathrm{T}} = \begin{bmatrix} 2 & -3 \\ 4 & 1 \end{bmatrix}\begin{bmatrix} -2 & 1 \\ 4 & -2 \end{bmatrix} = \begin{bmatrix} -16 & -4 \\ -4 & 2 \end{bmatrix}.$$

**例 9**　现有三个工厂Ⅰ，Ⅱ和Ⅲ，生产 A，B，C 和 D 四种类型的产品. 其单位成本（单位：百元）如表 2.8 所示. 如果生产 A，B，C 和 D 四种产品的数量分别为 200，300，400 和 500 件，问哪个工厂生产的成本最低？

表 2.8

| 单位成本 | A | B | C | D |
|---|---|---|---|---|
| Ⅰ | 3.5 | 4.2 | 2.9 | 3.3 |
| Ⅱ | 3.4 | 4.3 | 3.1 | 3.0 |
| Ⅲ | 3.6 | 4.1 | 3.0 | 3.2 |

**解**　设矩阵 $X$ 表示各工厂生产四种产品的单位成本，矩阵 $Y$ 表示生产四种产品的数量，则有

$$X = \begin{bmatrix} 3.5 & 4.2 & 2.9 & 3.3 \\ 3.4 & 4.3 & 3.1 & 3.0 \\ 3.6 & 4.1 & 3.0 & 3.2 \end{bmatrix},\quad Y = \begin{bmatrix} 200 \\ 300 \\ 400 \\ 500 \end{bmatrix}.$$

各工厂生产四种产品的总成本为

$$XY=\begin{bmatrix}3.5&4.2&2.9&3.3\\3.4&4.3&3.1&3.0\\3.6&4.1&3.0&3.2\end{bmatrix}\begin{bmatrix}200\\300\\400\\500\end{bmatrix}=\begin{bmatrix}4\,770\\4\,710\\4\,750\end{bmatrix}=[4\,770\quad 4\,710\quad 4\,750]^{\mathrm{T}}$$

所以由工厂Ⅱ生产所需的成本最低，最低成本为 4 710（百元）.

显然，若列向量用黑体小写字母 $\boldsymbol{a}$，$\boldsymbol{b}$，$\boldsymbol{\alpha}$，$\boldsymbol{\beta}$ 等表示，则行向量可用 $\boldsymbol{a}^{\mathrm{T}}$，$\boldsymbol{b}^{\mathrm{T}}$，$\boldsymbol{\alpha}^{\mathrm{T}}$，$\boldsymbol{\beta}^{\mathrm{T}}$ 等表示.

### 2.2.6 方阵的行列式

**定义 2.8** 对于 $n$ 阶方阵

$$\boldsymbol{A}=\left[a_{ij}\right]_{n\times n}=\begin{bmatrix}a_{11}&a_{12}&\cdots&a_{1n}\\a_{21}&a_{22}&\cdots&a_{2n}\\\vdots&\vdots&&\vdots\\a_{n1}&a_{n2}&\cdots&a_{nn}\end{bmatrix},$$

由它的元素按原有排列形式构成的行列式称为**方阵 $\boldsymbol{A}$ 的行列式**. 记为

$$|\boldsymbol{A}|\quad 或\quad \det\boldsymbol{A}=\begin{vmatrix}a_{11}&a_{12}&\cdots&a_{1n}\\a_{21}&a_{22}&\cdots&a_{2n}\\\vdots&\vdots&&\vdots\\a_{n1}&a_{n2}&\cdots&a_{nn}\end{vmatrix}.$$

方阵的行列式满足如下的运算规律：

（1）$|\boldsymbol{A}^{\mathrm{T}}|=|\boldsymbol{A}|$.

（2）$|\lambda\boldsymbol{A}|=\lambda^n|\boldsymbol{A}|$.

（3）$|\boldsymbol{AB}|=|\boldsymbol{A}||\boldsymbol{B}|$.

其中 $\boldsymbol{A}$，$\boldsymbol{B}$ 均为 $n$ 阶方阵，$k$ 是一个常数.

**例 10** 设 $\boldsymbol{A}=\begin{bmatrix}1&0\\-1&2\end{bmatrix}$，$\boldsymbol{B}=\begin{bmatrix}3&1\\1&0\end{bmatrix}$，验证 $|\boldsymbol{A}||\boldsymbol{B}|=|\boldsymbol{AB}|=|\boldsymbol{BA}|$.

**证** 因为

$$|\boldsymbol{A}|=\begin{vmatrix}1&0\\-1&2\end{vmatrix}=2,\quad |\boldsymbol{B}|=\begin{vmatrix}3&1\\1&0\end{vmatrix}=-1,$$

所以

$$|\boldsymbol{A}||\boldsymbol{B}|=-2.$$

又因为

$$\boldsymbol{AB}=\begin{bmatrix}1&0\\-1&2\end{bmatrix}\begin{bmatrix}3&1\\1&0\end{bmatrix}=\begin{bmatrix}3&1\\-1&-1\end{bmatrix},\quad |\boldsymbol{AB}|=\begin{vmatrix}3&1\\-1&-1\end{vmatrix}=-2,$$

而 $$\boldsymbol{BA}=\begin{bmatrix}3&1\\1&0\end{bmatrix}\begin{bmatrix}1&0\\-1&2\end{bmatrix}=\begin{bmatrix}2&2\\1&0\end{bmatrix},\quad |\boldsymbol{BA}|=\begin{vmatrix}2&2\\1&0\end{vmatrix}=-2,$$

所以 $$|\boldsymbol{A}||\boldsymbol{B}|=|\boldsymbol{AB}|=|\boldsymbol{BA}|.$$

**例 11** 设 $\boldsymbol{A}=\begin{bmatrix}1&-2\\-1&4\end{bmatrix}$，$\boldsymbol{B}=\begin{bmatrix}3&-1\\1&2\end{bmatrix}$，求 $\left||\boldsymbol{A}|\boldsymbol{B}\right|$.

**解** 因为

$$|\boldsymbol{A}|=\begin{vmatrix}1&-2\\-1&4\end{vmatrix}=2,\quad |\boldsymbol{B}|=\begin{vmatrix}3&-1\\1&2\end{vmatrix}=7,$$

所以由方阵的行列式的性质知

$$\left||\boldsymbol{A}|\boldsymbol{B}\right|=|2\boldsymbol{B}|=2^2|\boldsymbol{B}|=28.$$

### 2.2.7 矩阵的分块

在矩阵的讨论或运算过程中，有时需要把一个矩阵分成若干个子块（子矩阵），这样原矩阵就会结构简单且明晰，便于分析和运算.

给定一个矩阵，可以根据需要把它写成不同的分块矩阵形式，对分块后的矩阵运算时，可以把子块当元素按矩阵的原有运算规则进行运算.为此，矩阵的分块，在加法和乘法运算里应遵从不同的分块原则.

1. 加法运算里的分块原则

相加矩阵的行、列的分块方式要一致，即行块列块数对应相等、对应位置上的子块的行列数对应相等.

**例 12** $\boldsymbol{A}=\begin{bmatrix}1&0&1&3\\0&1&2&4\\0&0&-1&0\\0&0&0&-1\end{bmatrix}$，$\boldsymbol{B}=\begin{bmatrix}1&2&0&0\\2&0&0&0\\6&-2&1&0\\0&3&0&1\end{bmatrix}$，用矩阵的分块计算 $\boldsymbol{A}+\boldsymbol{B}$.

**解**

$$\boldsymbol{A}+\boldsymbol{B}=\left[\begin{array}{cc:cc}1&0&1&3\\0&1&2&4\\\hdashline 0&0&-1&0\\0&0&0&-1\end{array}\right]+\left[\begin{array}{cc:cc}1&2&0&0\\2&0&0&0\\\hdashline 6&-2&1&0\\0&3&0&1\end{array}\right]$$

$$=\begin{bmatrix}\boldsymbol{E}&\boldsymbol{A}_1\\\boldsymbol{O}&-\boldsymbol{E}\end{bmatrix}+\begin{bmatrix}\boldsymbol{B}_1&\boldsymbol{O}\\\boldsymbol{B}_2&\boldsymbol{E}\end{bmatrix}=\begin{bmatrix}\boldsymbol{E}+\boldsymbol{B}_1&\boldsymbol{A}_1\\\boldsymbol{B}_2&-\boldsymbol{E}+\boldsymbol{E}\end{bmatrix}$$

$$=\begin{bmatrix} E+B_1 & A_1 \\ B_2 & -O \end{bmatrix}=\begin{bmatrix} 2 & 2 & 1 & 3 \\ 2 & 1 & 2 & 4 \\ 6 & -2 & 0 & 0 \\ 0 & 3 & 0 & 0 \end{bmatrix}.$$

2. 乘法运算里的分块原则

利用分块矩阵计算矩阵 $A_{m\times n}$ 与 $B_{n\times s}$ 的乘积 $AB$ 时，要使左乘矩阵 $A$ 的列的分块与右乘矩阵 $B$ 的行的分块一致，即 $A$ 的列块数与 $B$ 的行块数对应相等、$A$ 某列块的列数与 $B$ 的对应行块的行数相等. 并且要注意，子块相乘时 $A$ 的各子块始终左乘 $B$ 的对应子块.

**例 13** 已知 $A=\begin{bmatrix} 1 & 0 & -2 & 0 \\ 0 & 1 & 0 & -2 \\ 0 & 0 & 5 & 3 \end{bmatrix}$，$B=\begin{bmatrix} 3 & 0 & -2 \\ 1 & 2 & 0 \\ 0 & 1 & 0 \\ 0 & 0 & 1 \end{bmatrix}$，用分块矩阵计算 $AB$.

**解法一**

$$AB=\left[\begin{array}{cc:cc} 1 & 0 & -2 & 0 \\ 0 & 1 & 0 & -2 \\ \hdashline 0 & 0 & 5 & 3 \end{array}\right]\left[\begin{array}{cc:c} 3 & 0 & -2 \\ 1 & 2 & 0 \\ \hdashline 0 & 1 & 0 \\ 0 & 0 & 1 \end{array}\right]$$

$$=\begin{bmatrix} E & -2E \\ O & A_1 \end{bmatrix}+\begin{bmatrix} B_1 & B_2 \\ B_3 & B_4 \end{bmatrix}=\begin{bmatrix} B_1-2B_3 & B_2-2B_4 \\ A_1B_3 & A_1B_4 \end{bmatrix},$$

$$B_1-2B_3=\begin{bmatrix} 3 & 0 \\ 1 & 2 \end{bmatrix}-2\begin{bmatrix} 0 & 1 \\ 0 & 0 \end{bmatrix}=\begin{bmatrix} 3 & -2 \\ 1 & 2 \end{bmatrix},\quad B_2-2B_4=\begin{bmatrix} -2 \\ 0 \end{bmatrix}-2\begin{bmatrix} 0 \\ 1 \end{bmatrix}=\begin{bmatrix} -2 \\ -2 \end{bmatrix},$$

$$A_1B_3=[5\quad 3]\begin{bmatrix} 0 & 1 \\ 0 & 0 \end{bmatrix}=[0\quad 5],\quad A_1B_4=[5\quad 3]\begin{bmatrix} 0 \\ 1 \end{bmatrix}=[3].$$

所以

$$AB=\begin{bmatrix} 3 & -2 & -2 \\ 1 & 2 & -2 \\ 0 & 5 & 3 \end{bmatrix}.$$

**解法二**

$$AB=\left[\begin{array}{cc:cc} 1 & 0 & -2 & 0 \\ 0 & 1 & 0 & -2 \\ \hdashline 0 & 0 & 5 & 3 \end{array}\right]\left[\begin{array}{c:cc} 3 & 0 & -2 \\ 1 & 2 & 0 \\ \hdashline 0 & 1 & 0 \\ 0 & 0 & 1 \end{array}\right]$$

$$=\begin{bmatrix} E & -2E \\ O & A_1 \end{bmatrix}\begin{bmatrix} B_1 & B_2 \\ O & E \end{bmatrix}=\begin{bmatrix} B_1 & B_2-2E \\ O & A_1 \end{bmatrix},$$

故

$$AB=\begin{bmatrix} 3 & -2 & -2 \\ 1 & 2 & -2 \\ 0 & 5 & 3 \end{bmatrix}.$$

从例 13 可以看出，不同的分块方法使得求解过程的繁杂程度不一样. 一般地，尽可能把特殊的零子块和单位子块分出来，这样才能尽量简化子块的求解.

形如 $\boldsymbol{A}=\begin{bmatrix}\boldsymbol{A}_1 & 0 & \cdots & 0\\ 0 & \boldsymbol{A}_2 & \cdots & 0\\ \vdots & \vdots & & \vdots\\ 0 & 0 & \cdots & \boldsymbol{A}_s\end{bmatrix}$ 的分块矩阵（其中 $\boldsymbol{A}_i(i=1,2,\cdots,s)$ 均为方阵，可以不同型），称 $\boldsymbol{A}$ 为**分块对角矩阵**.

分块对角矩阵具有如下性质：

（1）$|\boldsymbol{A}|=|\boldsymbol{A}_1||\boldsymbol{A}_2|\cdots|\boldsymbol{A}_s|$.

（2）若 $|\boldsymbol{A}_i|\neq 0(i=1,2,\cdots,s)$，则 $\boldsymbol{A}$ 可逆，且

$$\boldsymbol{A}^{-1}=\begin{bmatrix}\boldsymbol{A}_1^{-1} & 0 & \cdots & 0\\ 0 & \boldsymbol{A}_2^{-1} & \cdots & 0\\ \vdots & \vdots & & \vdots\\ 0 & 0 & \cdots & \boldsymbol{A}_s^{-1}\end{bmatrix}.$$

# 2.3　可逆矩阵

我们已经定义了矩阵的加法和乘法，作为加法的逆运算定义了矩阵的减法. 那么，能否通过矩阵的乘法来定义矩阵乘法的逆运算——除法，即矩阵的乘法是否存在一种逆运算？如果这种逆运算存在，它的存在应满足什么条件？

## 2.3.1　逆矩阵的概念

**定义 2.9**　对于 $n$ 阶矩阵 $\boldsymbol{A}$，若存在一个同阶矩阵 $\boldsymbol{B}$，使得

$$\boldsymbol{AB}=\boldsymbol{BA}=\boldsymbol{E},$$

那么称矩阵 $\boldsymbol{A}$ **可逆**，矩阵 $\boldsymbol{B}$ 为矩阵 $\boldsymbol{A}$ 的**逆矩阵**，简称**逆阵**. 将 $\boldsymbol{A}$ 的逆矩阵记为 $\boldsymbol{A}^{-1}$.

由可逆的定义可知：

（1）在定义 2.9 中 $\boldsymbol{A}$，$\boldsymbol{B}$ 的地位是对等的，因此 $\boldsymbol{B}$ 也可逆，且 $\boldsymbol{B}^{-1}=\boldsymbol{A}$（就是 $(\boldsymbol{A}^{-1})^{-1}=\boldsymbol{A}$），也就是说 $\boldsymbol{A}$ 与 $\boldsymbol{B}$ 互为逆矩阵.

**定理 2.1**　若矩阵 $\boldsymbol{A}$ 可逆，则 $\boldsymbol{A}$ 的逆矩阵是唯一的.

假设 $\boldsymbol{B}_1$，$\boldsymbol{B}_2$ 均为可逆矩阵 $\boldsymbol{A}$ 的逆矩阵，由定义 2.9 有

$$\boldsymbol{AB}_1=\boldsymbol{B}_1\boldsymbol{A}=\boldsymbol{E},\quad \boldsymbol{AB}_2=\boldsymbol{B}_2\boldsymbol{A}=\boldsymbol{E},$$

则

$$\boldsymbol{B}_1=\boldsymbol{B}_1\boldsymbol{E}=\boldsymbol{B}_1(\boldsymbol{AB}_2)=(\boldsymbol{B}_1\boldsymbol{A})\boldsymbol{B}_2=\boldsymbol{EB}_2=\boldsymbol{B}_2.$$

所以，一个矩阵如果可逆，那么它的逆矩阵是唯一的.

（2）若矩阵 $\boldsymbol{A}$ 可逆，则存在 $\boldsymbol{A}^{-1}$，使 $\boldsymbol{AA}^{-1}=\boldsymbol{A}^{-1}\boldsymbol{A}=\boldsymbol{E}$ 成立.

### 2.3.2 矩阵可逆的条件

对于一个方阵而言，它可能可逆，也可能不可逆，那么什么样的矩阵才是可逆的呢？如果一个矩阵可逆，又如何求它的逆矩阵呢？为了解决这些问题，首先介绍伴随矩阵的概念.

**定义 2.10** $n$ 阶方阵 $\boldsymbol{A}=[a_{ij}]_{n\times n}$ 的行列式 $|\boldsymbol{A}|=\begin{vmatrix} a_{11} & \cdots & a_{1n} \\ \vdots & & \vdots \\ a_{n1} & \cdots & a_{nn} \end{vmatrix}$ 的元素 $a_{ij}$ 的代数余子式 $A_{ij}\ (i,j=1,2,\cdots,n)$ 构成矩阵

$$\boldsymbol{A}^*=[A_{ij}]_{n\times n}^{\mathrm{T}}=\begin{bmatrix} A_{11} & A_{21} & \cdots & A_{n1} \\ A_{12} & A_{22} & \cdots & A_{n2} \\ \vdots & \vdots & & \vdots \\ A_{1n} & A_{2n} & \cdots & A_{nn} \end{bmatrix},$$

称 $\boldsymbol{A}^*$ 为方阵 $\boldsymbol{A}$ 的**伴随矩阵**.

由行列式按行(列)展开的性质，可得

（1）$\boldsymbol{AA}^*=\boldsymbol{A}^*\boldsymbol{A}=|\boldsymbol{A}|\boldsymbol{E}$；

（2）当 $|\boldsymbol{A}|\neq 0$ 时，$|\boldsymbol{A}^*|=|\boldsymbol{A}|^{n-1}$.

**证** （1）$b_{ij}=a_{i1}A_{j1}+a_{i2}A_{j2}+\cdots+a_{in}A_{jn}=\begin{cases} |\boldsymbol{A}|, & i=j \\ 0, & i\neq j \end{cases}$ $(i=1,2,\cdots,n;\ \ j=1,2,\cdots,n)$.

所以
$$\boldsymbol{AA}^*=\begin{bmatrix} |\boldsymbol{A}| & \cdots & 0 \\ \vdots & \ddots & \vdots \\ 0 & \cdots & |\boldsymbol{A}| \end{bmatrix}=|\boldsymbol{A}|\boldsymbol{E};$$

类似可以证得 $\boldsymbol{A}^*\boldsymbol{A}=|\boldsymbol{A}|\boldsymbol{E}$. 故 $\boldsymbol{AA}^*=\boldsymbol{A}^*\boldsymbol{A}=|\boldsymbol{A}|\boldsymbol{E}$.

（2）由(1)的结论和矩阵乘积的行列式定理，得

$$|\boldsymbol{AA}^*|=\big||\boldsymbol{A}|\boldsymbol{E}\big|=|\boldsymbol{A}|^n|\boldsymbol{E}|=|\boldsymbol{A}|^n,\quad |\boldsymbol{AA}^*|=|\boldsymbol{A}||\boldsymbol{A}^*|,$$

所以 $|\boldsymbol{A}||\boldsymbol{A}^*|=|\boldsymbol{A}|^n$，又 $|\boldsymbol{A}|\neq 0$，故 $|\boldsymbol{A}^*|=|\boldsymbol{A}|^{n-1}$.

**定理 2.2** $n$ 阶方阵 $\boldsymbol{A}$ 可逆的充分必要条件为 $|\boldsymbol{A}|\neq 0$（**非奇异矩阵**），且

$$\boldsymbol{A}^{-1}=\frac{1}{|\boldsymbol{A}|}\boldsymbol{A}^*.$$

其中 $\boldsymbol{A}^*$ 为 $\boldsymbol{A}$ 的伴随矩阵.

**证** （**充分性**）设 $\boldsymbol{A}$ 可逆，即有 $\boldsymbol{A}^{-1}$，使 $\boldsymbol{AA}^{-1}=\boldsymbol{E}$，两边取行列式，有

$$|\boldsymbol{AA}^{-1}|=|\boldsymbol{A}||\boldsymbol{A}^{-1}|=|\boldsymbol{E}|=1,$$

从而得 $|\boldsymbol{A}|\neq 0$，即 $\boldsymbol{A}$ 是非奇异的.

（**必要性**）设 $\boldsymbol{A}$ 非奇异，即 $|\boldsymbol{A}| \neq 0$，由性质 $\boldsymbol{A}\boldsymbol{A}^* = \boldsymbol{A}^*\boldsymbol{A} = |\boldsymbol{A}|\boldsymbol{E}$，则

$$\boldsymbol{A}\left(\frac{1}{|\boldsymbol{A}|}\boldsymbol{A}^*\right) = \left(\frac{1}{|\boldsymbol{A}|}\boldsymbol{A}^*\right)\boldsymbol{A} = \boldsymbol{E},$$

由可逆矩阵的定义可知 $\boldsymbol{A}$ 可逆，且 $\boldsymbol{A}^{-1} = \dfrac{1}{|\boldsymbol{A}|}\boldsymbol{A}^*$.

**推论** 若 $\boldsymbol{A}$，$\boldsymbol{B}$ 为同阶方阵，且 $\boldsymbol{AB} = \boldsymbol{E}$，则 $\boldsymbol{A}$，$\boldsymbol{B}$ 都可逆，且 $\boldsymbol{A}^{-1} = \boldsymbol{B}$，$\boldsymbol{B}^{-1} = \boldsymbol{A}$.

**证** 由于 $\boldsymbol{A}$，$\boldsymbol{B}$ 是同阶方阵，且 $\boldsymbol{AB} = \boldsymbol{E}$，据方阵乘积的行列式的运算规律有 $|\boldsymbol{AB}| = |\boldsymbol{A}||\boldsymbol{B}| = |\boldsymbol{E}| = 1 \neq 0$，于是 $|\boldsymbol{A}| \neq 0$ 且 $|\boldsymbol{B}| \neq 0$，所以 $\boldsymbol{A}$ 与 $\boldsymbol{B}$ 均可逆.

将 $\boldsymbol{AB} = \boldsymbol{E}$ 两边同时左乘 $\boldsymbol{A}^{-1}$ 得 $\boldsymbol{A}^{-1} = \boldsymbol{B}$，同时右乘 $\boldsymbol{B}^{-1}$ 得 $\boldsymbol{B}^{-1} = \boldsymbol{A}$，即 $\boldsymbol{A}$ 与 $\boldsymbol{B}$ 互为逆矩阵.

有了此推论，判断方阵 $\boldsymbol{B}$ 是否为方阵 $\boldsymbol{A}$ 的逆矩阵时，只需验证 $\boldsymbol{A}$，$\boldsymbol{B}$ 是否满足 $\boldsymbol{AB} = \boldsymbol{E}$ 即可.

定理不仅给出了判断矩阵是否可逆的条件，同时还给出了一种求逆矩阵的方法，此方法称为伴随矩阵求逆法. 以此为基础，我们还可以推出一些有用的求逆矩阵的结论，如下面例子中的结论就可以普遍适用.

**例 1** 求方阵 $\boldsymbol{A} = \begin{bmatrix} 3 & 7 & -3 \\ -2 & -5 & 2 \\ -4 & -10 & 3 \end{bmatrix}$ 的逆矩阵.

**解** $|\boldsymbol{A}| = \begin{vmatrix} 3 & 7 & -3 \\ -2 & -5 & 2 \\ -4 & -10 & 3 \end{vmatrix} = 1$，所以 $\boldsymbol{A}$ 可逆，$\boldsymbol{A}^{-1} = \dfrac{1}{|\boldsymbol{A}|}\boldsymbol{A}^*$.

其中
$$\boldsymbol{A}^* = \begin{bmatrix} A_{11} & A_{21} & A_{31} \\ A_{12} & A_{22} & A_{32} \\ A_{13} & A_{23} & A_{33} \end{bmatrix}.$$

可算得 $A_{11} = (-1)^{1+1}\begin{vmatrix} -5 & 2 \\ -10 & 3 \end{vmatrix} = 5$，类似可算得

$$A_{12} = -2,\quad A_{13} = 0,\quad A_{21} = 9,\quad A_{22} = -3,$$

$$A_{23} = 2,\quad A_{31} = -1,\quad A_{32} = 0,\quad A_{33} = -1,$$

所以
$$\boldsymbol{A}^{-1} = \begin{bmatrix} 5 & 9 & -1 \\ -2 & -3 & 0 \\ 0 & 2 & -1 \end{bmatrix}.$$

**例 2** 已知二阶矩阵 $\boldsymbol{A} = \begin{bmatrix} a & b \\ c & d \end{bmatrix}$，$ad - bc \neq 0$，求 $\boldsymbol{A}^{-1}$，$\boldsymbol{B}^{-1}$.

**解** $|\boldsymbol{A}| = \begin{vmatrix} a & b \\ c & d \end{vmatrix} = ad - bc \neq 0$，所以 $\boldsymbol{A}$ 可逆. 又因为 $\boldsymbol{A}^* = \begin{bmatrix} d & -b \\ -c & a \end{bmatrix}$，所以

$$\boldsymbol{A}^{-1} = \frac{1}{|\boldsymbol{A}|}\boldsymbol{A}^* = \frac{1}{ad - bc}\begin{bmatrix} d & -b \\ -c & a \end{bmatrix}.$$

（当二阶矩阵可逆时，利用伴随矩阵法得出的结论中应注意 $\boldsymbol{A}^*$ 与 $\boldsymbol{A}$ 的元素的关系，就可直接写出 $\boldsymbol{A}^*$.）

**例 3** 已知 $n$ 阶矩阵 $\boldsymbol{B}=\begin{bmatrix} a_1 & & & \\ & a_2 & & \\ & & \ddots & \\ & & & a_n \end{bmatrix}$，且 $a_1a_2\cdots a_n\neq 0$．求 $\boldsymbol{B}^{-1}$.

**解** $|\boldsymbol{B}|=\begin{vmatrix} a_1 & & & \\ & a_2 & & \\ & & \ddots & \\ & & & a_n \end{vmatrix}=a_1a_2\cdots a_n\neq 0$，所以 $\boldsymbol{B}$ 可逆. 又因为

$$\boldsymbol{B}^*=\begin{bmatrix} a_2a_3\cdots a_n & & & \\ & a_1a_3\cdots a_n & & \\ & & \ddots & \\ & & & a_1a_2\cdots a_{n-1} \end{bmatrix},$$

所以

$$\boldsymbol{B}^{-1}=\frac{1}{|\boldsymbol{B}|}\boldsymbol{B}^*=\frac{1}{a_1a_2\cdots a_n}\begin{bmatrix} a_2a_3\cdots a_n & & & \\ & a_1a_3\cdots a_n & & \\ & & \ddots & \\ & & & a_1a_2\cdots a_{n-1} \end{bmatrix}$$

$$=\begin{bmatrix} 1/a_1 & & & \\ & 1/a_2 & & \\ & & \ddots & \\ & & & 1/a_n \end{bmatrix}=\begin{bmatrix} a_1^{-1} & & & \\ & a_2^{-1} & & \\ & & \ddots & \\ & & & a_n^{-1} \end{bmatrix}.$$

## 2.3.3 可逆矩阵的运算性质

可逆矩阵有以下性质:

（1）若方阵 $\boldsymbol{A}$ 可逆，则 $|\boldsymbol{A}^{-1}|=\dfrac{1}{|\boldsymbol{A}|}$.

（2）若方阵 $\boldsymbol{A}$ 可逆，数 $\lambda\neq 0$，则 $\lambda\boldsymbol{A}$ 可逆且 $(\lambda\boldsymbol{A})^{-1}=\dfrac{1}{\lambda}\boldsymbol{A}^{-1}$.

（3）若方阵 $\boldsymbol{A}$ 可逆，则 $\boldsymbol{A}^{\mathrm{T}}$ 也可逆且 $(\boldsymbol{A}^{\mathrm{T}})^{-1}=(\boldsymbol{A}^{-1})^{\mathrm{T}}$.

（4）若方阵 $\boldsymbol{A}$ 可逆，且 $\boldsymbol{AB}=\boldsymbol{AC}$，则 $\boldsymbol{B}=\boldsymbol{C}$（注意与本章第 2 节“矩阵乘法不满足消去律”区别开）.

（5）若 $\boldsymbol{A}$，$\boldsymbol{B}$ 为同阶方阵且均可逆，则 $\boldsymbol{AB}$ 也可逆且 $(\boldsymbol{AB})^{-1}=\boldsymbol{B}^{-1}\boldsymbol{A}^{-1}$.

**证明** （1）若方阵 $\boldsymbol{A}$ 可逆，则 $\boldsymbol{AA}^{-1}=\boldsymbol{E}$，所以 $|\boldsymbol{AA}^{-1}|=|\boldsymbol{A}||\boldsymbol{A}^{-1}|=|\boldsymbol{E}|=1$，即

$$|\boldsymbol{A}^{-1}|=\frac{1}{|\boldsymbol{A}|}.$$

（2）若 $n$ 阶方阵 $\boldsymbol{A}$ 可逆，则 $|\boldsymbol{A}|\neq 0$；又因为数 $\lambda\neq 0$，所以 $|\lambda\boldsymbol{A}|=\lambda^n|\boldsymbol{A}|\neq 0$，则 $\lambda\boldsymbol{A}$ 可逆，

有 $(\lambda A)\left(\frac{1}{\lambda}A^{-1}\right)=\lambda\times\frac{1}{\lambda}AA^{-1}=E$，$\left(\frac{1}{\lambda}A^{-1}\right)(\lambda A)=\frac{1}{\lambda}\times\lambda AA^{-1}=E$.

根据逆矩阵的定义有

$$(\lambda A)^{-1}=\frac{1}{\lambda}A^{-1}.$$

（3）因为 $A^{\mathrm{T}}(A^{-1})^{\mathrm{T}}=(A^{-1}A)^{\mathrm{T}}=E$，$(A^{-1})^{\mathrm{T}}A^{\mathrm{T}}=(AA^{-1})=E$，所以

$$(A^{\mathrm{T}})^{-1}=(A^{-1})^{\mathrm{T}}.$$

（4）若方阵 $A$ 可逆，可将 $AB=AC$ 两端同时左乘 $A^{-1}$，得 $(A^{-1}A)B=(A^{-1}A)C$，即 $B=C$.

（5）若 $A$ 与 $B$ 为同阶可逆阵，则有 $(AB)(B^{-1}A^{-1})=A(BB^{-1})A^{-1}=AA^{-1}=E$，而 $AB$，$B^{-1}A^{-1}$ 均为与 $A$ 同阶的方阵，故 $(AB)^{-1}=B^{-1}A^{-1}$.

**例 4** 设 $A$ 为 4 阶矩阵，$|A|=2$，求 $\left|(3A)^{-1}-2A^*\right|$ 的值.

**解** 因为 $A$ 为 4 阶矩阵，$|A|=2$，所以

$$\left|(3A)^{-1}-2A^*\right|=\left|\frac{1}{3}A^{-1}-4\times\frac{1}{|A|}A^*\right|=\left|\frac{1}{3}A^{-1}-4A^{-1}\right|=\left|-\frac{11}{3}A^{-1}\right|$$

$$=\left(-\frac{11}{3}\right)^4\left|A^{-1}\right|=\left(\frac{11}{3}\right)^4\times\frac{1}{2}=\frac{11^4}{162}.$$

**例 5** 设 $A$ 与 $B$ 均为 $n$ 阶可逆矩阵，证明：

（1）$(AB)^*=B^*A^*$；（2）$(A^*)^*=|A|^{n-2}A$.

**证明** （1）因为 $A$ 与 $B$ 均为 $n$ 阶可逆矩阵，所以

$$(AB)^{-1}=B^{-1}A^{-1},$$

又因为

$$(AB)^{-1}=\frac{1}{|AB|}(AB)^*=\frac{1}{|A||B|}(AB)^*,\quad B^{-1}A^{-1}=\frac{1}{|B|}B^*\frac{1}{|A|}A^*=\frac{1}{|A||B|}B^*A^*,$$

所以

$$\frac{1}{|A||B|}(AB)^*=\frac{1}{|A||B|}B^*A^*.$$

两边同时乘以 $|A||B|$，得

$$(AB)^*=B^*A^*.$$

（2）因为 $A$ 为 $n$ 阶可逆矩阵，所以

$$A^*=|A|A^{-1},\quad \left|A^*\right|=\left||A|A^{-1}\right|=|A|^n\left|A^{-1}\right|=|A|^n\frac{1}{|A|}=|A|^{n-1}\neq 0,$$

因此 $A^*$ 可逆，且

$$(A^*)^{-1}=(|A|A^{-1})^{-1}=\frac{1}{|A|}(A^{-1})^{-1}=\frac{1}{|A|}A.$$

由伴随矩阵求逆法，可得

$$(A^*)^{-1}=\frac{1}{|A^*|}(A^*)^*,$$

所以 $$\frac{1}{|A^*|}(A^*)^*=\frac{1}{|A|}A,\quad (A^*)^*=|A^*|\frac{1}{|A|}A=|A|^{n-1}\frac{1}{|A|}A=|A|^{n-2}A.$$

即 $$(A^*)^*=|A|^{n-2}A.$$

**例 6** 设 $A=\begin{bmatrix}1&2&3\\2&2&1\\3&4&3\end{bmatrix}$，$B=\begin{bmatrix}2&1\\5&3\end{bmatrix}$，$C=\begin{bmatrix}1&3\\2&0\\3&1\end{bmatrix}$，求矩阵 $X$，使其满足 $AXB=C$.

**解** 若 $A^{-1}$，$B^{-1}$存在，则用 $A^{-1}$左乘上式、$B^{-1}$右乘上式，有

$$A^{-1}AXBB^{-1}=A^{-1}CB^{-1},$$

即 $$X=A^{-1}CB^{-1}.$$

又因为 $|A|=2\neq 0$，$|B|=1\neq 0$，则 $A$，$B$ 都可逆，且

$$A^{-1}=\begin{bmatrix}1&3&-2\\-\frac{3}{2}&-3&\frac{5}{2}\\1&1&-1\end{bmatrix},\quad B^{-1}=\begin{bmatrix}3&-1\\-5&2\end{bmatrix}.$$

于是 $$X=A^{-1}CB^{-1}=\begin{bmatrix}1&3&-2\\-\frac{3}{2}&-3&\frac{5}{2}\\1&1&-1\end{bmatrix}\begin{bmatrix}1&3\\2&0\\3&1\end{bmatrix}\begin{bmatrix}3&-1\\-5&2\end{bmatrix}$$

$$=\begin{bmatrix}1&1\\0&-2\\0&2\end{bmatrix}\begin{bmatrix}3&-1\\-5&2\end{bmatrix}=\begin{bmatrix}-2&1\\10&-4\\-10&4\end{bmatrix}.$$

## 2.4 矩阵的初等变换与初等矩阵

### 2.4.1 初等变换

**引例**

求解的方程组： 对应的系数矩阵的变化：

$$\begin{cases} x_1 + x_2 = 2 \\ 2x_1 - 3x_2 = -1 \end{cases} \qquad \begin{bmatrix} 1 & 1 & 2 \\ 2 & -3 & -1 \end{bmatrix}$$

消元法消去第二个方程的 $x_1$，得

$$\begin{cases} x_1 + x_2 = 2 \\ \quad -5x_2 = -5 \end{cases} \qquad \begin{bmatrix} 1 & 1 & 2 \\ 0 & -5 & -5 \end{bmatrix}$$

第二个方程 $x_2$ 的系数化为 1，得

$$\begin{cases} x_1 + x_2 = 2 \\ \qquad x_2 = 1 \end{cases} \qquad \begin{bmatrix} 1 & 1 & 2 \\ 0 & 1 & 1 \end{bmatrix}$$

消元法消去第一个方程的 $x_2$，得

$$\begin{cases} x_1 \qquad = 1 \\ \qquad x_2 = 1 \end{cases} \qquad \begin{bmatrix} 1 & 0 & 1 \\ 0 & 1 & 1 \end{bmatrix}$$

消元法求解方程组的过程，对应于未知数各个系数组成的矩阵的初等变换，有以下三种变换：

（1）某一行减去另外一行的 $n$ 倍；

（2）某一行乘以一个常数；

（3）交换两行的位置.

**定义 2.11**　设矩阵 $\boldsymbol{A}=[a_{ij}]_{m\times n}$，则有以下三种行（列）的变换：

（1）$\boldsymbol{A}$ 的某两行（列）元素对换（对调 $i,j$ 两行，记作 $r_i \leftrightarrow r_j$）

$$\begin{bmatrix} \cdots & \cdots & \cdots & \cdots \\ a_{i1} & a_{i2} & \cdots & a_{in} \\ \vdots & \vdots & & \vdots \\ a_{j1} & a_{j2} & \cdots & a_{jn} \\ \cdots & \cdots & \cdots & \cdots \end{bmatrix} \begin{matrix} \\ i\text{行} \\ \\ j\text{行} \\ \\ \end{matrix} \overset{r_i \leftrightarrow r_j}{\sim} \begin{bmatrix} \cdots & \cdots & \cdots & \cdots \\ a_{j1} & a_{j2} & \cdots & a_{jn} \\ \vdots & \vdots & & \vdots \\ a_{i1} & a_{i2} & \cdots & a_{in} \\ \cdots & \cdots & \cdots & \cdots \end{bmatrix} \begin{matrix} \\ i\text{行} \\ \\ j\text{行} \\ \\ \end{matrix}$$

$$\left( \text{或} \quad \underset{\qquad\quad i\text{列} \qquad\quad j\text{列}}{\begin{bmatrix} \vdots & a_{1i} & \cdots & a_{1j} & \vdots \\ \vdots & a_{2i} & \cdots & a_{2j} & \vdots \\ \vdots & \vdots & & \vdots & \vdots \\ \vdots & a_{mi} & \cdots & a_{mj} & \vdots \end{bmatrix}} \overset{c_i \leftrightarrow c_j}{\sim} \underset{\qquad\quad i\text{列} \qquad\quad j\text{列}}{\begin{bmatrix} \vdots & a_{1j} & \cdots & a_{1i} & \vdots \\ \vdots & a_{2j} & \cdots & a_{2i} & \vdots \\ \vdots & \vdots & & \vdots & \vdots \\ \vdots & a_{mj} & \cdots & a_{mi} & \vdots \end{bmatrix}} \right).$$

（2）用一个非零数 $k$ 乘以 $A$ 的某一行（列）的元素（第 $i$ 行乘 $k$，记作 $r_i \times k$）.

（3）$\boldsymbol{A}$ 的某行（列）元素的 $k$ 倍对应加到另一行（第 $j$ 行的 $k$ 倍加到第 $i$ 行上，记作 $r_i + kr_j$），称为矩阵的初等行（列）变换. 一般地，将矩阵的初等行、列的变换统称为矩阵的初等变换.

## 2.4.2　初等矩阵

**定义 2.12**　由 $n$ 阶单位矩阵 $\boldsymbol{E}_n$ 经过一次初等行（或列）变换得到的矩阵称为初等矩阵.

对应于三种初等变换，可以得到三种初等矩阵.

（1）对换单位阵的 $i,j$ 两行（或两列）而得到的初等矩阵记为 $\boldsymbol{E}_n(i,j)$，也常简记为 $\boldsymbol{E}(i,j)$.

这种矩阵形如

$$\boldsymbol{E}(2,3)=\begin{bmatrix}1&0&0&0\\0&0&1&0\\0&1&0&0\\0&0&0&1\end{bmatrix}\begin{matrix}\\ \cdots\cdots 2\text{行}\\ \cdots\cdots 3\text{行}\\ \\ \end{matrix}.$$

（2）用一个非零数 $k$ 乘以 $\boldsymbol{A}$ 的第 $i$ 行（或第 $i$ 列）的元素得到的初等矩阵记为 $\boldsymbol{E}(i(k))$. 这种矩阵形如

$$\boldsymbol{E}(2(5))=\begin{bmatrix}1&0&0&0\\0&5&0&0\\0&0&1&0\\0&0&0&1\end{bmatrix}\begin{matrix}\\ \cdots\cdots 2\text{行}\\ \\ \\ \end{matrix}.$$

（3）将矩阵 $\boldsymbol{A}$ 的第 $i$ 行（或第 $j$ 列）元素的 $k$ 倍对应加到第 $j$ 行（或第 $i$ 列）去，得到的初等矩阵记为 $\boldsymbol{E}(j,i(k))$.这种矩阵形如

$$\boldsymbol{E}(2,3(5))=\begin{bmatrix}1&0&0&0\\0&1&5&0\\0&0&1&0\\0&0&0&1\end{bmatrix}\begin{matrix}\\ \cdots\cdots 2\text{行}\\ \cdots\cdots 3\text{行}\\ \\ \end{matrix}.$$

因为初等矩阵都是由单位矩阵经过一次初等变换得到的，依据行列式的性质可知初等矩阵的行列式值不为零，故它们都可逆. 初等矩阵的逆矩阵也是初等矩阵.

容易验证，它们的逆矩阵为

$$\boldsymbol{E}(i,j)^{-1}=\boldsymbol{E}(i,j)\text{；}\quad \boldsymbol{E}(i(k))^{-1}=\boldsymbol{E}\left(i\left(\frac{1}{k}\right)\right)\text{；}\quad \boldsymbol{E}(j,i(k)^{-1})=\boldsymbol{E}(j,i(-k)).$$

### 2.4.3 初等变换与初等矩阵的关系

**定理 2.3** 设 $\boldsymbol{A}=[a_{ij}]_{m\times n}$，则对 $\boldsymbol{A}$ 施行一次初等行变换，相当于用一个 $m$ 阶的同类型初等矩阵（单位阵经相同初等变换而得到的初等矩阵）左乘矩阵 $\boldsymbol{A}$；对 $\boldsymbol{A}$ 施行一次初等列变换，相当于用一个 $n$ 阶的同类型初等矩阵右乘矩阵 $\boldsymbol{A}$.

例如，（1）$\boldsymbol{A}_{m\times n}\xrightarrow{r_i\leftrightarrow r_j}\boldsymbol{E}_m(i,j)\boldsymbol{A}_{m\times n}$.

$$\begin{bmatrix}1&2&3\\2&3&4\\3&4&5\end{bmatrix}=\boldsymbol{A}\xrightarrow{r_2\leftrightarrow r_3}\boldsymbol{E}(2,3)\boldsymbol{A}=\begin{bmatrix}1&0&0\\0&0&1\\0&1&0\end{bmatrix}\begin{bmatrix}1&2&3\\2&3&4\\3&4&5\end{bmatrix}=\begin{bmatrix}1&2&3\\3&4&5\\2&3&4\end{bmatrix}$$

（2）$\boldsymbol{A}_{m\times n} \xrightarrow{kr_i} \boldsymbol{E}_m(i(k))\boldsymbol{A}_{m\times n}$.

$$\begin{bmatrix}1&2&3\\2&3&4\\3&4&5\end{bmatrix}=\boldsymbol{A}\xrightarrow{-1\times r_2}\boldsymbol{E}(2(-1))\boldsymbol{A}=\begin{bmatrix}1&0&0\\0&-1&0\\0&0&1\end{bmatrix}\begin{bmatrix}1&2&3\\2&3&4\\3&4&5\end{bmatrix}=\begin{bmatrix}1&2&3\\-2&-3&-4\\3&4&5\end{bmatrix}$$

（3）$\boldsymbol{A}_{m\times n} \xrightarrow{r_j+kr_i} \boldsymbol{E}_m(i,i(k))\boldsymbol{A}_{m\times n}$.

$$\begin{bmatrix}1&2&3\\2&3&4\\3&4&5\end{bmatrix}=\boldsymbol{A}\xrightarrow{r_1+(-1)\times r_2}\boldsymbol{E}(1,2(-1))\boldsymbol{A}=\begin{bmatrix}1&-1&0\\0&1&0\\0&0&1\end{bmatrix}\begin{bmatrix}1&2&3\\2&3&4\\3&4&5\end{bmatrix}=\begin{bmatrix}-1&-1&-1\\2&3&4\\3&4&5\end{bmatrix}$$

### 2.4.4 等价矩阵

**定义 2.13** 如果矩阵 $\boldsymbol{A}$ 经过有限次初等变换变成矩阵 $\boldsymbol{B}$，就称矩阵 $\boldsymbol{A}$ 与 $\boldsymbol{B}$ **等价**，记作 $\boldsymbol{A}\sim\boldsymbol{B}$.

例如，$\boldsymbol{B}=\begin{pmatrix}2&-1&-1&1&2\\1&1&-2&1&-4\\4&-6&2&-2&4\\3&6&-9&7&9\end{pmatrix}\underset{r_3\div 2}{\overset{r_1\leftrightarrow r_2}{\sim}}\begin{pmatrix}1&1&-2&1&4\\2&-1&-1&1&2\\2&-3&1&-1&2\\3&6&-9&7&9\end{pmatrix}=\boldsymbol{B}_1$.

## 2.5 矩阵的秩

### 2.5.1 行阶梯型矩阵

一般地，形如

$$\begin{bmatrix}c_{11}&c_{12}&\cdots&c_{1r}&c_{1r+1}&\cdots&c_{1n}\\0&c_{22}&\cdots&c_{2r}&c_{r2+1}&\cdots&c_{2n}\\\vdots&\vdots&\vdots&\vdots&\vdots&&\vdots\\0&0&\cdots&c_{rr}&c_{rr+1}&\cdots&c_{rn}\\0&0&\cdots&0&0&\cdots&0\\0&0&\cdots&0&0&\cdots&0\end{bmatrix}$$

的矩阵，称为**行阶梯型矩阵**. 其特点为：每个阶梯只有一行；元素不为零的行（非零行）的第一个非零元素的列标随着行标的增大而严格增大( 列标一定小于行标 );元素全为零的行( 如果有的话）必在矩阵的非零行的下面几行.

例如

$$\boldsymbol{A}=\begin{bmatrix}1&2&3&4&5\\0&2&3&4&5\\0&0&3&4&5\\0&0&0&0&0\end{bmatrix},\ \boldsymbol{B}=\begin{bmatrix}0&2&3&4&5\\0&0&3&4&5\\0&0&0&0&5\end{bmatrix},\ \boldsymbol{C}=\begin{bmatrix}1&2&3&4&5\\0&0&3&4&5\\0&0&0&4&5\\0&0&0&0&0\end{bmatrix}$$

均为阶梯型矩阵.

在阶梯型矩阵中，若非零行的第一个非零元素全为 1，且非零行的第一个元素 1 所在的列的其余元素全为零，如

$$\begin{bmatrix}1&0&\cdots&0&b_{1r+1}&\cdots&b_{1n}\\0&1&\cdots&0&b_{r2+1}&\cdots&b_{2n}\\\vdots&\vdots&\vdots&\vdots&\vdots&&\vdots\\0&0&\cdots&1&b_{rr+1}&\cdots&b_{rn}\\0&0&\cdots&0&0&\cdots&0\\0&0&\cdots&0&0&\cdots&0\end{bmatrix}$$

则称该矩阵为**行最简型矩阵**.

**例 1** 判断下列矩阵是否为阶梯型.

$$\boldsymbol{A}=\begin{bmatrix}1&2&3&4&5\\0&2&3&4&5\\0&0&3&4&5\\0&0&0&0&0\end{bmatrix},\ \boldsymbol{B}=\begin{bmatrix}0&2&3&4&5\\0&0&3&4&5\\0&0&0&0&5\end{bmatrix},\ \boldsymbol{C}=\begin{bmatrix}1&2&3&4&5\\0&0&3&4&5\\0&0&0&4&5\\0&0&0&0&0\end{bmatrix},$$

$$\boldsymbol{D}=\begin{bmatrix}1&2&2&4&1\\0&2&2&0&1\\0&0&2&1&1\\1&0&0&0&0\end{bmatrix},\ \boldsymbol{E}=\begin{bmatrix}1&0&0&0&0\\1&2&0&0&0\\1&1&3&0&0\\1&1&1&1&0\end{bmatrix},\ \boldsymbol{F}=\begin{bmatrix}0&0&0&0&5\\0&0&0&3&5\\0&0&3&4&5\\1&2&3&4&5\end{bmatrix}.$$

**解** $\boldsymbol{A}$，$\boldsymbol{B}$，$\boldsymbol{C}$ 为阶梯型矩阵.

### 2.5.2 矩阵秩的定义

**定义 2.14** 一个矩阵 $\boldsymbol{A}$，总可通过有限次初等变换把它变为行阶梯型矩阵，其非零行的行数称为矩阵 $\boldsymbol{A}$ 的**秩**，记作 $r(\boldsymbol{A})$ 或 $R(\boldsymbol{A})$.

对于 $m\times n$ 矩阵，显然 $R(\boldsymbol{A})\leqslant \min\{m,n\}$. 零矩阵的秩等于零.

例如，矩阵

$$A=\begin{bmatrix}1&0&3&4&5\\0&2&3&4&5\\0&0&3&4&0\\0&0&0&0&0\end{bmatrix},$$

由定义知非零行的行数为3，所以秩就等于3.

**注意**：设 $A$ 为 $n$ 阶矩阵，若 $|A|\neq 0$，则矩阵的秩为 $n$，则称 $A$ 为非奇异矩阵，或称 $A$ 为满秩的（非退化矩阵）；若 $|A|=0$，即矩阵的秩小于 $n$，则称 $A$ 为奇异矩阵，或称 $A$ 为降秩的（退化矩阵）.

### 2.5.3　利用初等变换求矩阵的秩

由定义知，把矩阵用初等行变换变成为行阶梯形矩阵，行阶梯形矩阵中非零行的行数就是矩阵的秩. 那么初等变换对矩阵的秩有什么影响呢？这是我们下面要讨论的问题.

**定理 2.4**　等价矩阵的秩相同.

证明略.

**例 2**　求矩阵

$$A=\begin{bmatrix}1&1&1&1&1\\3&2&1&1&-3\\0&1&3&2&5\\5&4&3&3&-1\end{bmatrix}$$

的秩.

**解**

$$\begin{bmatrix}1&1&1&1&1\\3&2&1&1&-3\\0&1&3&2&5\\5&4&3&3&-1\end{bmatrix}\underset{r_4+(-5)\times r_1}{\overset{r_2+(-3)\times r_1}{\sim}}\begin{bmatrix}1&1&1&1&1\\0&-1&-2&-2&-6\\0&1&3&2&5\\0&-1&-2&-2&-6\end{bmatrix}\underset{r_3+r_2}{\overset{r_4+(-1)\times r_2}{\sim}}\begin{bmatrix}1&1&1&1&1\\0&-1&-2&-2&-6\\0&0&1&0&-1\\0&0&0&0&0\end{bmatrix}\quad(1)$$

这就是阶梯型矩阵，易知 $R(A)=3$.

如果对矩阵（1）做进一步化简，则

$$\begin{bmatrix}1&1&1&1&1\\0&-1&-2&-2&-6\\0&0&1&0&-1\\0&0&0&0&0\end{bmatrix}\overset{r_1+r_2}{\sim}\begin{bmatrix}1&0&-1&-1&-5\\0&-1&-2&-2&-6\\0&0&1&0&-1\\0&0&0&0&0\end{bmatrix}\underset{r_2+2\times r_3}{\overset{r_1+r_3}{\sim}}\begin{bmatrix}1&0&0&-1&-6\\0&-1&0&-2&-8\\0&0&1&0&-1\\0&0&0&0&0\end{bmatrix}$$

$$\overset{-1\times c_2}{\sim}\begin{bmatrix}1&0&0&-1&-6\\0&1&0&-2&-8\\0&0&1&0&-1\\0&0&0&0&0\end{bmatrix}\underset{c_4+c_1}{\overset{c_4+2c_2}{\sim}}\begin{bmatrix}1&0&0&0&-6\\0&1&0&0&-8\\0&0&1&0&-1\\0&0&0&0&0\end{bmatrix}$$

$$\overset{c_5+6\times c_1}{\underset{c_5+8\times c_2}{\sim}}\begin{bmatrix}1&0&0&0&0\\0&1&0&0&0\\0&0&1&0&-1\\0&0&0&0&0\end{bmatrix}\overset{c_5+c_3}{\sim}\begin{bmatrix}1&0&0&0&0\\0&1&0&0&0\\0&0&1&0&0\\0&0&0&0&0\end{bmatrix}.$$

一般说来，有如下定理及推论：

**定理 2.5** 任意一个秩为 $r$ 的矩阵 $\boldsymbol{A}$，经过若干次初等变换，可化为最简型：

$$\begin{bmatrix}1&&&0\\&\ddots&&\\&&1&\\0&&&0\end{bmatrix}$$

其中，对角线上 1 的个数恰为 $r$ 个. 这种矩阵称为**标准型矩阵**.

**推论** 对满秩矩阵，可以经过若干次初等变换将它简化成单位矩阵.

**例 3** 用初等变换把

$$\boldsymbol{A}=\begin{bmatrix}1&2&3\\1&-2&0\\-1&2&1\end{bmatrix}$$

化成单位矩阵.

**解** 对矩阵 $\boldsymbol{A}$ 进行初等变换：

$$\boldsymbol{A}=\begin{bmatrix}1&2&3\\1&-2&0\\-1&2&1\end{bmatrix}\overset{r_2-r_1}{\underset{r_3+r_1}{\sim}}\begin{bmatrix}1&2&3\\0&-4&-3\\0&4&4\end{bmatrix}\overset{r_3+r_2}{\sim}\begin{bmatrix}1&2&3\\0&-4&-3\\0&0&1\end{bmatrix}$$

$$\overset{r_1-3r_3}{\underset{r_2+3r_3}{\sim}}\begin{bmatrix}1&2&0\\0&-4&0\\0&0&1\end{bmatrix}\overset{r_2\div(-4)}{\sim}\begin{bmatrix}1&2&0\\0&1&0\\0&0&1\end{bmatrix}\overset{r_1-2r_2}{\sim}\begin{bmatrix}1&0&0\\0&1&0\\0&0&1\end{bmatrix}.$$

所以矩阵的秩为 $R(\boldsymbol{A})=3$，其标准型为单位矩阵.

### 2.5.4 利用初等变换求矩阵的逆

**定理 2.6** 一个 $n$ 阶方阵 $\boldsymbol{A}$ 可逆的充分必要条件是它的等价标准形为单位阵，且 $\boldsymbol{A}$ 可以表示成一系列初等矩阵的乘积.

**证明** 由初等变换与初等矩阵的关系可知，存在一系列初等矩阵 $\boldsymbol{Q}_1,\boldsymbol{Q}_2,\cdots,\boldsymbol{Q}_s$；$\boldsymbol{R}_1,\boldsymbol{R}_2,\cdots,\boldsymbol{R}_t$，使得

$$\boldsymbol{Q}_1,\boldsymbol{Q}_2,\cdots,\boldsymbol{Q}_s\,\boldsymbol{A}\,\boldsymbol{R}_1,\boldsymbol{R}_2,\cdots,\boldsymbol{R}_t=\begin{bmatrix}\boldsymbol{E}_r&\boldsymbol{O}\\\boldsymbol{O}&\boldsymbol{O}\end{bmatrix},$$

所以

$$\boldsymbol{A}=\boldsymbol{Q}_s^{-1}\boldsymbol{Q}_{s-1}^{-1}\cdots\partial_1^{-1}\begin{bmatrix}\boldsymbol{E}_r&\boldsymbol{O}\\\boldsymbol{O}&\boldsymbol{O}\end{bmatrix}\boldsymbol{R}_t^{-1}\boldsymbol{R}_{t-1}^{-1}\cdots\boldsymbol{R}_1^{-1}.$$

又 $\boldsymbol{A}$ 可逆的充分必要条件是 $|\boldsymbol{A}|\neq 0$，于是

$$|\boldsymbol{A}|=\left|\boldsymbol{Q}_s^{-1}\boldsymbol{Q}_{s-1}^{-1}\cdots\boldsymbol{Q}_1^{-1}\begin{bmatrix}\boldsymbol{E}_r & \boldsymbol{O}\\ \boldsymbol{O} & \boldsymbol{O}\end{bmatrix}\boldsymbol{R}_t^{-1}\boldsymbol{R}_{t-1}^{-1}\cdots\boldsymbol{R}_1^{-1}\right|$$

$$=|\boldsymbol{Q}_s^{-1}||\boldsymbol{Q}_{s-1}^{-1}|\cdots|\boldsymbol{Q}_1^{-1}|\left|\begin{bmatrix}\boldsymbol{E}_r & \boldsymbol{O}\\ \boldsymbol{O} & \boldsymbol{O}\end{bmatrix}\right||\boldsymbol{R}_t^{-1}||\boldsymbol{R}_{t-1}^{-1}|\cdots|\boldsymbol{R}_1^{-1}|\neq 0,$$

所以 $\begin{bmatrix}\boldsymbol{E}_r & \boldsymbol{O}\\ \boldsymbol{O} & \boldsymbol{O}\end{bmatrix}\neq 0$，则 $r=n$，即 $\begin{bmatrix}\boldsymbol{E}_r & \boldsymbol{O}\\ \boldsymbol{O} & \boldsymbol{O}\end{bmatrix}=\boldsymbol{E}_n$.

故
$$\boldsymbol{A}=\boldsymbol{Q}_s^{-1}\boldsymbol{Q}_{s-1}^{-1}\cdots\boldsymbol{Q}_1^{-1}\boldsymbol{R}_t^{-1}\boldsymbol{R}_{t-1}^{-1}\cdots\boldsymbol{R}_1^{-1}.$$

因为初等矩阵的乘积也是初等矩阵，故此定理得证.

若 $\boldsymbol{A}$ 为 $n$ 阶可逆矩阵，则 $\boldsymbol{A}^{-1}$ 也可逆. 由定理 2.6 的结论知，存在一系列初等矩阵 $\boldsymbol{G}_1,\boldsymbol{G}_2,\cdots,\boldsymbol{G}_k$ 使得

$$\boldsymbol{A}^{-1}=\boldsymbol{G}_1,\boldsymbol{G}_2,\cdots,\boldsymbol{G}_k,$$

于是
$$\boldsymbol{A}^{-1}\boldsymbol{A}=\boldsymbol{G}_1\boldsymbol{G}_2\cdots\boldsymbol{G}_k\boldsymbol{A}=\boldsymbol{E}.$$

又 $\boldsymbol{G}_1\boldsymbol{G}_2\cdots\boldsymbol{G}_k\boldsymbol{E}=\boldsymbol{G}_1\boldsymbol{G}_2\cdots\boldsymbol{G}_k=\boldsymbol{A}^{-1}$，由初等矩阵与初等变换的关系有

$$[\boldsymbol{A}\quad \boldsymbol{E}]\xrightarrow{\text{初等行变换}}\cdots\cdots\cdots\to[\boldsymbol{E}\quad \boldsymbol{A}^{-1}].$$

这揭示出求逆矩阵的又一种通用方法——初等变换求逆法. 该方法是用 $n$ 阶方阵 $\boldsymbol{A}$ 和一个同阶单位阵构造出一个 $n\times 2n$ 的矩阵 $[\boldsymbol{A}\vdots\boldsymbol{E}]$，然后将矩阵 $[\boldsymbol{A}\vdots\boldsymbol{E}]$ 一直进行初等行变换，直到子块 $\boldsymbol{A}$ 变换为单位阵时，则子块 $\boldsymbol{E}$ 就变换为 $\boldsymbol{A}$ 的逆矩阵 $\boldsymbol{A}^{-1}$；否则，若变换到某步骤时左边子块出现了一行元素全为零，则可判断矩阵 $\boldsymbol{A}$ 不可逆.

**例 4** 已知 $\boldsymbol{A}=\begin{bmatrix}2 & -4 & 1\\ 1 & -5 & 2\\ 1 & -1 & 1\end{bmatrix}$，$\boldsymbol{B}=\begin{bmatrix}1 & 2 & 3\\ 2 & 4 & 6\\ 2 & 1 & 3\end{bmatrix}$，求 $\boldsymbol{A}^{-1}$，$\boldsymbol{B}^{-1}$.

**解**
$$[\boldsymbol{A}\vdots\boldsymbol{E}]=\begin{bmatrix}2 & -4 & 1 & \vdots & 1 & 0 & 0\\ 1 & -5 & 2 & \vdots & 0 & 1 & 0\\ 1 & -1 & 1 & \vdots & 0 & 0 & 1\end{bmatrix}\overset{r_1\leftrightarrow r_3}{\sim}\begin{bmatrix}1 & -1 & 1 & \vdots & 0 & 0 & 1\\ 1 & -5 & 2 & \vdots & 0 & 1 & 0\\ 2 & -4 & 1 & \vdots & 1 & 0 & 0\end{bmatrix}$$

$$\underset{r_3-2r_1}{\overset{r_2-r_1}{\sim}}\begin{bmatrix}1 & -1 & 1 & \vdots & 0 & 0 & 1\\ 0 & -4 & 1 & \vdots & 0 & 1 & -1\\ 0 & -2 & -1 & \vdots & 1 & 0 & -2\end{bmatrix}\overset{r_2\leftrightarrow r_3}{\sim}\begin{bmatrix}1 & -1 & 1 & \vdots & 0 & 0 & 1\\ 0 & -2 & -1 & \vdots & 1 & 0 & -2\\ 0 & -4 & 1 & \vdots & 0 & 1 & -1\end{bmatrix}$$

$$\overset{r_3-2r_2}{\sim}\begin{bmatrix}1 & -1 & 1 & \vdots & 0 & 0 & 1\\ 0 & -2 & -1 & \vdots & 1 & 0 & -2\\ 0 & 0 & 3 & \vdots & -2 & 1 & 3\end{bmatrix}\underset{\substack{r_2+r_3\\ r_1-r_3}}{\overset{r_3\div 3}{\sim}}\begin{bmatrix}1 & -1 & 0 & \vdots & \frac{2}{3} & -\frac{1}{3} & 0\\ 0 & -2 & 0 & \vdots & \frac{1}{3} & \frac{1}{3} & -1\\ 0 & 0 & 1 & \vdots & -\frac{2}{3} & \frac{1}{3} & 1\end{bmatrix}$$

$$\underset{r_1+r_2}{\overset{r_2\div(-2)}{\sim}}\begin{bmatrix}1 & 0 & 0 & \vdots & \frac{1}{2} & -\frac{1}{2} & \frac{1}{2}\\ 0 & 1 & 0 & \vdots & -\frac{1}{6} & -\frac{1}{6} & \frac{1}{2}\\ 0 & 0 & 1 & \vdots & -\frac{2}{3} & \frac{1}{3} & 1\end{bmatrix},$$

所以

$$\boldsymbol{A}^{-1}=\begin{bmatrix}\frac{1}{2} & -\frac{1}{2} & \frac{1}{2}\\ -\frac{1}{6} & -\frac{1}{6} & \frac{1}{2}\\ -\frac{2}{3} & \frac{1}{3} & 1\end{bmatrix}.$$

$$[\boldsymbol{B}\vdots\boldsymbol{E}]=\begin{bmatrix}1 & 2 & 3 & \vdots & 1 & 0 & 0\\ 2 & 4 & 6 & \vdots & 0 & 1 & 0\\ 2 & 1 & 3 & \vdots & 0 & 0 & 1\end{bmatrix}\overset{r_2-2r_1}{\sim}\begin{bmatrix}1 & 2 & 3 & \vdots & 1 & 0 & 0\\ 0 & 0 & 0 & \vdots & -2 & 1 & 0\\ 2 & 1 & 3 & \vdots & 0 & 0 & 1\end{bmatrix}.$$

故 $\boldsymbol{B}$ 不可逆，即 $\boldsymbol{B}^{-1}$ 不存在.

初等变换求逆矩阵，也可将 $n$ 阶方阵 $\boldsymbol{A}$ 和一个同阶单位阵构造成 $2n\times n$ 的矩阵 $\begin{bmatrix}\boldsymbol{A}\\ \boldsymbol{E}\end{bmatrix}$. 当然，根据初等变换与初等矩阵的关系可推知，上述这种形式的矩阵只能进行列变换，即

$$\begin{bmatrix}\boldsymbol{A}\\ \boldsymbol{E}\end{bmatrix}\xrightarrow{\text{初等列变换}}\cdots\cdots\cdots\rightarrow\begin{bmatrix}\boldsymbol{E}\\ \boldsymbol{A}^{-1}\end{bmatrix}$$

当求逆方阵不是本章第一节介绍的特殊形式的矩阵且阶数又较大时，用伴随矩阵求逆法求解往往复杂易出差错，这时利用初等变换求逆法就是行之有效的选择.

**例 5** 解矩阵方程 $\boldsymbol{AX}=\boldsymbol{B}$，其中

$$\boldsymbol{A}=\begin{bmatrix}-2 & 1 & 0\\ 1 & -2 & 1\\ 0 & 1 & -2\end{bmatrix},\ \boldsymbol{B}=\begin{bmatrix}5 & -1\\ -2 & 3\\ 1 & 4\end{bmatrix}.$$

**解**

$$[\boldsymbol{A},\boldsymbol{B}]=\begin{bmatrix}-2 & 1 & 0 & 5 & -1\\ 1 & -2 & 1 & -2 & 3\\ 0 & 1 & -2 & 1 & 4\end{bmatrix}\overset{r_2\leftrightarrow r_1}{\sim}\begin{bmatrix}1 & -2 & 1 & -2 & 3\\ -2 & 1 & 0 & 5 & -1\\ 0 & 1 & -2 & 1 & 4\end{bmatrix}$$

$$\overset{r_2+2r_1}{\sim}\begin{bmatrix}1&-2&1&-2&3\\0&-3&2&1&5\\0&1&-2&1&4\end{bmatrix}\underset{r_2+3r_3}{\overset{r_1+2r_3}{\sim}}\begin{bmatrix}1&0&-3&0&11\\0&0&-4&4&17\\0&1&-2&1&4\end{bmatrix}$$

$$\underset{r_2\leftrightarrow r_3}{\overset{r_2\div(-4)}{\sim}}\begin{bmatrix}1&0&-3&0&11\\0&1&-2&1&4\\0&0&1&-1&-\frac{17}{4}\end{bmatrix}\underset{r_1+3r_3}{\overset{r_2+2r_3}{\sim}}\begin{bmatrix}1&0&0&-3&-\frac{7}{4}\\0&1&0&-1&-\frac{9}{2}\\0&0&1&-1&-\frac{17}{4}\end{bmatrix},$$

所以
$$X=A^{-1}B=\begin{bmatrix}-3&-\frac{7}{4}\\-1&-\frac{9}{2}\\-1&-\frac{17}{4}\end{bmatrix}.$$

**例 6** 用逆矩阵或初等变换解下列矩阵方程.

（1）$AX=A+2X$，其中 $A=\begin{bmatrix}4&2&3\\1&1&0\\-1&2&3\end{bmatrix}$.

（2）$\begin{bmatrix}2&5\\1&3\end{bmatrix}X\begin{bmatrix}1&0&0\\0&2&1\\3&0&1\end{bmatrix}=\begin{bmatrix}-1&1&2\\2&0&1\end{bmatrix}$.

**解** （1）由 $AX=A+2X$，得
$$[A-2E]X=A.$$

而
$$[A-2E]=\begin{bmatrix}4&2&3\\1&1&0\\-1&2&3\end{bmatrix}-2\begin{bmatrix}1&0&0\\0&1&0\\0&0&1\end{bmatrix}=\begin{bmatrix}2&2&3\\1&-1&0\\-1&2&1\end{bmatrix},$$

又
$$|A-2E|=\begin{vmatrix}2&2&3\\1&-1&0\\-1&2&1\end{vmatrix}=-1,$$

故 $|A-2E|$ 可逆，从而 $X=(A-2E)^{-1}A$.

因为

$$[A-2E,A]=\begin{bmatrix}2&2&3&4&2&3\\1&-1&0&1&1&0\\-1&2&1&-1&2&3\end{bmatrix}\overset{r_2\leftrightarrow r_1}{\sim}\begin{bmatrix}1&-1&0&1&1&0\\2&2&3&4&2&3\\-1&2&1&-1&2&3\end{bmatrix}$$

$$\underset{r_3+r_1}{\overset{r_2-2r_1}{\sim}}\begin{bmatrix}1&-1&0&1&1&0\\0&4&3&2&0&3\\0&1&1&0&3&3\end{bmatrix}\overset{r_2-3r_3}{\sim}\begin{bmatrix}1&-1&0&1&1&0\\0&1&0&2&-9&-6\\0&1&1&0&3&3\end{bmatrix}$$

$$\xrightarrow[r_1+r_2]{r_3-r_2}\begin{bmatrix}1&0&0&3&-8&-6\\0&1&0&2&-9&-6\\0&0&1&-2&12&9\end{bmatrix},$$

所以
$$X=[A-2E]^{-1}A=\begin{bmatrix}3&-8&-6\\2&-9&-6\\-2&12&9\end{bmatrix}.$$

（2）因为

$$\begin{bmatrix}1&0&0\\0&2&1\\3&0&1\\-1&1&2\\2&0&1\end{bmatrix}\xrightarrow[c_3-c_2]{c_2\div 2}\begin{bmatrix}1&0&0\\0&1&0\\3&0&1\\-1&\frac{1}{2}&\frac{3}{2}\\2&0&1\end{bmatrix}\xrightarrow{c_1-3c_3}\begin{bmatrix}1&0&0\\0&1&0\\0&0&1\\-\frac{11}{2}&\frac{1}{2}&\frac{3}{2}\\-1&0&1\end{bmatrix},$$

所以
$$\begin{bmatrix}2&5\\1&3\end{bmatrix}X=\begin{bmatrix}-1&1&2\\2&0&1\end{bmatrix}\begin{bmatrix}1&0&0\\0&2&1\\3&0&1\end{bmatrix}^{-1}=\begin{bmatrix}-\frac{11}{2}&\frac{1}{2}&\frac{3}{2}\\-1&0&1\end{bmatrix}.$$

又由二阶矩阵的逆可得

$$\begin{bmatrix}2&5\\1&3\end{bmatrix}^{-1}=\begin{bmatrix}3&-5\\-1&2\end{bmatrix},$$

所以
$$X=\begin{bmatrix}2&5\\1&3\end{bmatrix}^{-1}\begin{bmatrix}-\frac{11}{2}&\frac{1}{2}&\frac{3}{2}\\-1&0&1\end{bmatrix}=\begin{bmatrix}3&-5\\-1&2\end{bmatrix}\begin{bmatrix}-\frac{11}{2}&\frac{1}{2}&\frac{3}{2}\\-1&0&1\end{bmatrix}$$

$$=\begin{bmatrix}-\frac{23}{2}&\frac{3}{2}&-\frac{1}{2}\\\frac{7}{2}&-\frac{1}{2}&\frac{1}{2}\end{bmatrix}.$$

## 2.6　矩阵的应用

近几十年来，随着科学技术的发展，特别是计算机技术的发展，数学的应用领域已由传统的物理领域，包括力学、电子等学科以及土木、机电等工程技术，迅速扩展到非物理领域，如人口、经济、金融、生物、医学等. 数学在发展高科技、提高生产力水平和实现现代化管理等方面的作用越来越明显，这就要求我们学会如何将实际问题经过分析、简化转化为一个数学问题，然后用一个适当的数学方法去解决.

## 2.6.1　生产总值问题

**例 1**　一个城市有三个重要的企业：一座煤矿，一个发电厂和一条地方铁路. 开采一元钱的煤，煤矿必须支付 0.25 元的电力和运输费. 生产一元钱的电力，发电厂需支付 0.65 元的煤作燃料，也需支付 0.05 元的电费来驱动辅助设备及支付 0.05 元的运输费用.提供一元钱的运输费，铁路需支付 0.55 元的煤作燃料及 0.10 元的电费驱动它的辅助设备. 某周内，煤矿从外面接到 50 000 元煤的订货，发电厂从外面接到 25 000 元电力的订货，外界对地方铁路没有要求. 问. 这三个企业在该周内生产总值为多少时才能精确地满足它们本身的要求和外界的要求?

**解**　设对于一周的周期，$x_1$ 表示煤矿的总产值，$x_2$ 表示电厂的总产值，$x_3$ 表示铁路的总产值.根据题意，有

$$\begin{cases} x_1-(0\cdot x_1+0.65x_2+0.55x_3)=50\,000 \\ x_2-(0.25x_1+0.05x_2+0.10x_3)=25\,000 \\ x_3-(0.25x_1+0.05x_2+0\cdot x_3)=0 \end{cases},$$

写成矩阵形式为

$$\begin{bmatrix} x_1 \\ x_2 \\ x_3 \end{bmatrix}-\begin{bmatrix} 0 & 0.65 & 0.55 \\ 0.25 & 0.05 & 0.10 \\ 0.25 & 0.05 & 0 \end{bmatrix}\begin{bmatrix} x_1 \\ x_2 \\ x_3 \end{bmatrix}=\begin{bmatrix} 50\,000 \\ 25\,000 \\ 0 \end{bmatrix}.$$

记

$$\boldsymbol{X}=\begin{bmatrix} x_1 \\ x_2 \\ x_3 \end{bmatrix},\quad \boldsymbol{C}=\begin{bmatrix} 0 & 0.65 & 0.55 \\ 0.25 & 0.05 & 0.10 \\ 0.25 & 0.05 & 0 \end{bmatrix},\quad \boldsymbol{d}=\begin{bmatrix} 50\,000 \\ 25\,000 \\ 0 \end{bmatrix},$$

则上式可写成

$$\boldsymbol{X}-\boldsymbol{C}\boldsymbol{X}=\boldsymbol{d}，即 (\boldsymbol{I}-\boldsymbol{C})\boldsymbol{X}=\boldsymbol{d}.$$

因为系数行列式满足

$$|\boldsymbol{I}-\boldsymbol{C}|=0.628\,75\neq 0,$$

根据克莱姆法则，此方程组有唯一解，其解为

$$\boldsymbol{X}=(\boldsymbol{I}-\boldsymbol{C})^{-1}\boldsymbol{d}=\frac{1}{503}\begin{bmatrix} 756 & 542 & 470 \\ 220 & 690 & 190 \\ 200 & 170 & 630 \end{bmatrix}\begin{bmatrix} 50\,000 \\ 25\,000 \\ 0 \end{bmatrix}=\begin{bmatrix} 102\,087 \\ 56\,163 \\ 28\,330 \end{bmatrix}.$$

故煤矿总产值为 102 087 元，发电厂总产值为 56 163 元，铁路总产值为 28 330 元.

## 2.6.2　城乡人口流动问题

**例 2**　某省对城乡人口流动做年度调查，发现每年农村居民的 20%移居城镇，而城镇居

民的 10% 流入农村. 假如城乡总人口保持不变，并且人口流动的这种趋势将继续下去，那么最后该省的城镇人口与农村人口的分布是否会趋于一个”稳定状态”？

**解** 设该省人口总数为 $m$，令调查时城镇人口为 $x_0$，农村人口为 $y_0$. 一年后，有

城镇人口： $x_1 = 90\% x_0 + 20\% y_0$,

农村人口： $y_1 = 10\% x_0 + 80\% y_0$,

写成矩阵形式为

$$\begin{bmatrix} x_1 \\ y_1 \end{bmatrix} = \begin{bmatrix} 0.9 & 0.2 \\ 0.1 & 0.8 \end{bmatrix} \begin{bmatrix} x_0 \\ y_0 \end{bmatrix}.$$

两年以后，有

$$\begin{bmatrix} x_2 \\ y_2 \end{bmatrix} = \begin{bmatrix} 0.9 & 0.2 \\ 0.1 & 0.8 \end{bmatrix}^2 \begin{bmatrix} x_0 \\ y_0 \end{bmatrix}.$$

$n$ 年以后，有

$$\begin{bmatrix} x_n \\ y_n \end{bmatrix} = \begin{bmatrix} 0.9 & 0.2 \\ 0.1 & 0.8 \end{bmatrix}^n \begin{bmatrix} x_0 \\ y_0 \end{bmatrix} = \begin{bmatrix} \dfrac{2}{3}m + \dfrac{1}{3}(x_0 - 2y_0)(0.7)^n \\ \dfrac{1}{3}m - \dfrac{1}{3}(x_0 - 2y_0)(0.7)^n \end{bmatrix}.$$

容易得出，经过很长的时间后，这个方程组的解会达到极限：

$$\begin{cases} \lim\limits_{n\to\infty} x_n = \dfrac{2}{3}m \\ \lim\limits_{n\to\infty} y_n = \dfrac{1}{3}m \end{cases}.$$

这表明在城乡总人口保持不变的情况下，最后该省的城镇人口与农村人口的分布会趋于一个“稳定状态”.

### 2.6.3 应用矩阵编制 Hill 密码

密码学在经济和军事领域都起着极其重要的作用. 1929 年，希尔（Hill）通过矩阵理论对传输信息进行加密处理，提出了在密码学史上有着重要地位的希尔加密算法. 下面我们介绍这种算法的基本思想.

假设我们要发出“attack”这个消息. 首先把每个字母 $a$，$b$，$c$，$d$，…，$x$，$y$，$z$ 映射到数 1，2，3，4，…，24，25，26. 例如用 1 表示 $a$，3 表示 $c$，20 表示 $t$，11 表示 $k$，另外用 0 表示空格，用 27 表示句号等. 于是，可以用以下数集来表示消息“attack”：

$$\{1,\ 20,\ 20,\ 1,\ 3,\ 11\}$$

把这个消息按列写成矩阵的形式：

$$\boldsymbol{M}=\begin{pmatrix}1 & 1\\20 & 3\\20 & 11\end{pmatrix},\ \boldsymbol{A}=\begin{pmatrix}1 & 2 & 3\\1 & 1 & 2\\0 & 1 & 2\end{pmatrix}.$$

第一步：“加密”．现在任选一个三阶的可逆矩阵，例如：

$$\boldsymbol{AM}=\begin{pmatrix}1 & 2 & 3\\1 & 1 & 2\\0 & 1 & 2\end{pmatrix}\begin{pmatrix}1 & 1\\20 & 3\\20 & 11\end{pmatrix}=\begin{pmatrix}101 & 40\\61 & 26\\60 & 25\end{pmatrix}=\boldsymbol{B},$$

于是可以把将要发出的消息或者矩阵经过乘以 $\boldsymbol{A}$ 变成“密码”（$\boldsymbol{B}$）后发出.

第二步：“解密”．解密是加密的逆过程. 这里要用到矩阵 $\boldsymbol{A}$ 的逆矩阵 $\boldsymbol{A}^{-1}$，这个可逆矩阵称为解密的钥匙，或称为“密匙”．当然矩阵 $\boldsymbol{A}$ 是通信双方都知道的，即用

$$\boldsymbol{A}^{-1}=\begin{pmatrix}0 & 1 & -1\\2 & -2 & -1\\-1 & 1 & 1\end{pmatrix}$$

从密码中解出明码：

$$\boldsymbol{A}^{-1}\boldsymbol{B}=\begin{pmatrix}0 & 1 & -1\\2 & -2 & -1\\-1 & 1 & 1\end{pmatrix}\begin{pmatrix}101 & 40\\61 & 26\\60 & 25\end{pmatrix}=\begin{pmatrix}1 & 1\\20 & 3\\20 & 11\end{pmatrix}=\boldsymbol{M}.$$

通过反查字母与数字的映射，即可得到消息“attack”．

在实际应用中，可以选择不同的可逆矩阵、不同的映射关系，也可以把字母对应的数字进行不同的排列以得到不同的矩阵，这样就有多种加密和解密的方式，从而保证了传递信息的秘密性. 上述例子是矩阵乘法与逆矩阵的应用，是线性代数与密码学紧密结合的应用. 运用数学知识破译密码，进而运用到军事等方面，可见矩阵的作用何其强大.

## 2.7 数学实验与数学模型举例

### 2.7.1 数学实验

**实验目的：**会用 MATLAB 软件创建矩阵、进行矩阵运算.

1. 矩阵的创建（表 2.9）

表 2.9

| 目的 | 方法 | 格式 |
| --- | --- | --- |
| 创建矩阵 | 通过元素列表输入 | A=[$a_{11}$ $a_{12}$ $a_{13}$; $a_{21}$ $a_{22}$ $a_{23}$; $a_{31}$ $a_{32}$ $a_{33}$] |
| | | A=[$a_{11}$ $a_{12}$ $a_{13}$<br>$a_{21}$ $a_{22}$ $a_{23}$<br>$a_{31}$ $a_{32}$ $a_{33}$] |
| | 通过外部数据加载 | 见例 2 |
| | 在 *m* 文件中创建矩阵 | （说明：对于大型矩阵，一般创建 *m* 文件，以便修改）见例 3 |
| | 通过函数产生矩阵（说明：用函数生成 *n* 阶方阵时只需一个参数，生成 *m*×*n* 矩阵时需用两个参数） | zeros（m，n） %生成 m 行 n 列零阵 |
| | | ones（m，n） %生成 m 行 n 列全 1 矩阵 |
| | | rand（m，n） %生成 m 行 n 列随机矩阵 |
| | | randn（m，n） %生成 m 行 n 列正态随机矩阵 |
| | | blkdiag（*c*） %生成由数组 c 为对角线元素的矩阵 |
| | | eye（n） %生成 n 阶单位矩阵 |
| | | vander（c） %生成由数组 c 构成的范德蒙矩阵，即矩阵第 i 行的每一个元素是数组 c 的每个元素的 i－1 次方 |

**例 1** 输入数值矩阵 $\boldsymbol{A}$，$\boldsymbol{B}$，符号元素矩阵 $\boldsymbol{C}$，$\boldsymbol{D}$ 以及向量 $\boldsymbol{v}$.

$$\boldsymbol{A}=\begin{bmatrix}1&2&3\\4&5&6\\7&8&9\end{bmatrix},\quad \boldsymbol{B}=\begin{bmatrix}1&2&3&4&5\\6&7&8&9&0\\5&4&3&2&1\end{bmatrix},\quad \boldsymbol{C}=\begin{bmatrix}a&b&c\\d&e&f\\h&i&j\end{bmatrix},$$

$$\boldsymbol{D}=\begin{bmatrix}\cos x&\sin x\\ \mathrm{e}^x&x^2+1\end{bmatrix},\quad \boldsymbol{v}=\begin{bmatrix}1&2&3&4&5\end{bmatrix}.$$

程序如下：

```
A=[1 2 3; 4 5 6; 7 8 9]                 %元素在一行输入，换行用分号分割
B=[1 2 3 4 5
   6 7 8 9 0
   5 4 3 2 1]                            %元素在多行输入，换行用回车分割
```

```
sym（' [a b c;d e f;h i j]'）              %定义字符型矩阵
syms x
D=[cos（x）sin（x）;exp（x）x^2+1]         %定义字符型函数矩阵
v= [1  2  3  4  5]
```

运行结果如下：

```
A =
     1     2     3
     4     5     6
     7     8     9
B =
     1     2     3     4     5
     6     7     8     9     0
     5     4     3     2     1
C =
     [ a, b, c]
     [ d, e, f]
     [ h, i, j]
D =
     [ cos（x）,   sin（x）]
     [ exp（x）,   x^2 + 1]
v =
     1     2     3     4     5
```

**注**：对于任何矩阵（向量），我们都可以直接按行的方式输入每个元素：同一行中的元素用逗号或者空格符来分隔，且空格个数不限；不同的行用分号或回车分隔. 所有元素处于同一方号内.

**例 2**　已有一个全由数据组成的文本文件 A.mat，加载时在命令窗口输入：

```
load A.mat
```

**例 3**　在命令窗口输入：edit，打开一个新的 m 文件，复制 A 矩阵数据，修改成矩阵输入格式，存盘取名为：A.m；然后在工作空间输入文件名 A，显示出 m 文件中定义的矩阵 A，如下图所示.

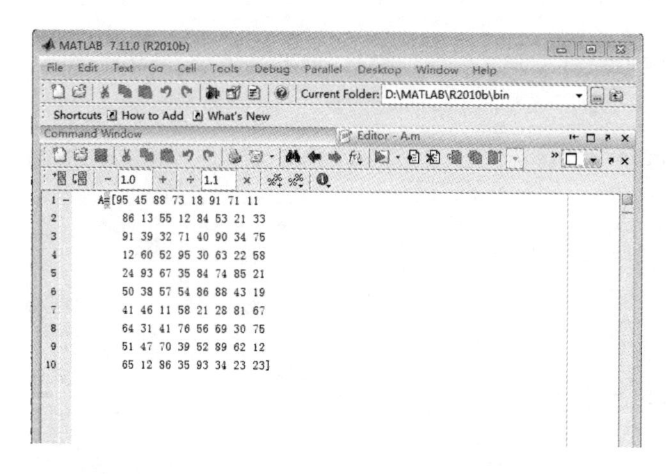


**例 4** 生成 $3\times4$ 阶零矩阵.

程序如下：

z=zeros（3，4）

运行结果如下：

```
z =
     0     0     0     0
     0     0     0     0
     0     0     0     0
```

**例 5** 生成 4 阶全 1 矩阵.

程序如下：

on=ones（4）

运行结果如下：

```
on =
     1     1     1     1
     1     1     1     1
     1     1     1     1
     1     1     1     1
```

**例 6** 生成 5 阶随机方阵.

程序如下：

r1=rand（5）

运行结果如下：

```
r1 =
    0.8147    0.0975    0.1576    0.1419    0.6557
    0.9058    0.2785    0.9706    0.4218    0.0357
    0.1270    0.5469    0.9572    0.9157    0.8491
    0.9134    0.9575    0.4854    0.7922    0.9340
    0.6324    0.9649    0.8003    0.9595    0.6787
```

**注**：随机数的取值范围为0~1.

若构造两位以内随机整数矩阵，就乘一个两位数，让小数点后移再向零取整.

**例7** 构造随机5阶整数矩阵.

程序如下：

```
r2=fix（20*rand（5））
```

运行结果如下：

```
r2 =
    15    14    16     8     9
    14     0    13     7     8
     7     5     6    15    12
    13     0    19    15    14
     3     1     0     3    15
```

**例8** 构造4×3正态随机矩阵.

程序如下：

```
r3=randn（4，3）
```

运行结果如下：

```
r3 =
    -0.8637    -0.0068    -0.2256
     0.0774     1.5326     1.1174
    -1.2141    -0.7697    -1.0891
    -1.1135     0.3714     0.0326
```

**例9** 生成均值为0.6、方差为0.1的4阶矩阵.

程序如下：

```
a=10；b=20；
x=a+（b-a）*rand（4）
```

运行结果如下：

```
x =
    16.9908    11.3862    12.5428    13.4998
    18.9090    11.4929    18.1428    11.9660
    19.5929    12.5751    12.4352    12.5108
    15.4722    18.4072    19.2926    16.1604
```

**例10** 生成由数组$c$=（1 2 3 4）构造的4阶对角阵.

程序如下：

```
out = blkdiag（1，2，3，4）
```

运行结果如下：

```
out =

     1     0     0     0
     0     2     0     0
     0     0     3     0
     0     0     0     4
```

**例 11** 生成 4 阶单位矩阵.

程序如下：

```
e1=eye（5）
```

运行结果如下：

```
e1 =

     1     0     0     0     0
     0     1     0     0     0
     0     0     1     0     0
     0     0     0     1     0
     0     0     0     0     1
```

**例 12** 由数组 c=（2 3 4 5 6 7）构造 6 阶范德蒙矩阵.

程序如下：

```
c=2:7
F=vander（c）          %由数组 c 生成范德蒙矩阵
```

运行结果如下：

```
c =

     2     3     4     5     6     7

F =

        32        16         8         4         2         1
       243        81        27         9         3         1
      1024       256        64        16         4         1
      3125       625       125        25         5         1
      7776      1296       216        36         6         1
     16807      2401       343        49         7         1
```

这不是书中定义的范德蒙矩阵，需要逆时针旋转 90°方可得到范德蒙矩阵.

运行命令如下：

```
F1=rot90（F）          %矩阵逆时针旋转 90°
```

运行结果如下：

```
F1 =
   1      1      1      1      1      1
   2      3      4      5      6      7
   4      9     16     25     36     49
   8     27     64    125    216    343
  16     81    256    625   1296   2401
  32    243   1024   3125   7776  16807
```

2. 矩阵的运算（表 2.10）

表 2.10

| | | |
|---|---|---|
| 矩阵的运算 | A′ | 矩阵 $\boldsymbol{A}$ 的转置 |
| | det(A) | 方阵 $\boldsymbol{A}$ 的行列式 |
| | inv(A) | 矩阵 $\boldsymbol{A}$ 的逆 |
| | rref(A ) | 将矩阵 $\boldsymbol{A}$ 化为行最简形 |
| | rank(A) | 矩阵 $\boldsymbol{A}$ 的秩 |
| | size(A) | 测矩阵 $\boldsymbol{A}$ 的行数及列数 |
| | A*k | 矩阵 $\boldsymbol{A}$ 与数 $k$ 的积，即矩阵每个元素都乘以数 $k$ |
| | A/k | 矩阵 $\boldsymbol{A}$ 除以数 $k$，即矩阵每个元素都除以数 $k$ |
| | A+B | 矩阵与矩阵的加法 |
| | A*B | 矩阵与矩阵的乘法 |
| | A\B | 等价于 $\boldsymbol{A}^{-1}\boldsymbol{B}$ |
| | A/B | 等价于 $\boldsymbol{A}\boldsymbol{B}^{-1}$ |

**例 13**　设 $\boldsymbol{A}=\begin{bmatrix}1 & 1 & 1\\ 1 & 1 & -1\\ 1 & -1 & 1\end{bmatrix}$，$\boldsymbol{B}=\begin{bmatrix}1 & 2 & 3\\ -1 & -2 & 4\\ 0 & 5 & 1\end{bmatrix}$，计算 $\boldsymbol{A}^{\mathrm{T}}$，$-2\boldsymbol{A}$，$\boldsymbol{A}+\boldsymbol{B}$，$\boldsymbol{AB}$，$\boldsymbol{B}^{-1}$.

程序如下：

```
A=[1 1 1;1 1 -1;1 -1 1]
B=[1 2 3;-1 -2 4;0 5 1]
C=A'
D=A*（-2)（或 D=-2*A）
E=A+B
F=A*B
G=inv（B)（或 G=B^（-1））
```

运行结果如下：

```
A =
     1     1     1
     1     1    -1
     1    -1     1
B =
     1     2     3
    -1    -2     4
     0     5     1
C =
     1     1     1
     1     1    -1
     1    -1     1
D =
    -2    -2    -2
    -2    -2     2
    -2     2    -2
E =
     2     3     4
     0    -1     3
     1     4     2
F =
     0     5     8
     0    -5     6
     2     9     0
G =
    0.6286   -0.3714   -0.4000
   -0.0286   -0.0286    0.2000
    0.1429    0.1429         0
```

**例 14** 计算行列式$\begin{vmatrix} 23 & 11 & 33 & 56 \\ 76 & 34 & 21 & 34 \\ 12 & 32 & 45 & 53 \\ 26 & 35 & 86 & 19 \end{vmatrix}$.

程序如下：

```
A = [23 11 33 56
     76 34 21 34
     12 32 45 53
     26 35 86 19]
D = det（A）
```

运行结果如下：

```
A =
    23    11    33    56
    76    34    21    34
    12    32    45    53
    26    35    86    19
D =
   -5.5784e+006
```

**例 15**　设 $\boldsymbol{A}=\begin{bmatrix}1 & 2 & -1\\ -2 & -4 & 2\\ 3 & 6 & -3\end{bmatrix}$，求 $\boldsymbol{A}^{10}$.

程序如下：

```
A=[1 2 -1;-2-4 2; 3 6 -3]
B=A^10
```

运行结果如下：

```
A =
      1        2     -1
     -2       -4      2
      3        6     -3
B =
     -10077696     -20155392      10077696
      20155392      40310784     -20155392
     -30233088     -60466176      30233088
```

**例 16**　求解矩阵方程 $\begin{bmatrix}1 & 2 & 0\\ 1 & 3 & 0\\ 0 & 0 & 1\end{bmatrix}\boldsymbol{X}=\begin{bmatrix}1 & 2\\ 1 & 1\\ 0 & 0\end{bmatrix}$.

**解**　设 $\boldsymbol{A}=\begin{bmatrix}1 & 2 & 0\\ 1 & 3 & 0\\ 0 & 0 & 1\end{bmatrix}$，$\boldsymbol{B}=\begin{bmatrix}1 & 2\\ 1 & 1\\ 0 & 0\end{bmatrix}$，则 $\boldsymbol{X}=\boldsymbol{A}^{-1}\boldsymbol{B}$ .

程序如下：

```
A=[1 2 0;1 3 0;0 0 1]
B=[1 2;1 1;0 0]
X=A\B（或 X=inv（A）*B）
```

运行结果如下：

```
A =
     1     2     0
     1     3     0
     0     0     1
B =
     1     2
     1     1
     0     0
X =
     1     4
     0    -1
     0     0
```

**例 17** 矩阵 $\boldsymbol{A}=\begin{bmatrix}0 & -1 & 0\\ 1 & 0 & 0\\ 0 & 0 & 1\end{bmatrix}$，$\boldsymbol{B}=\begin{bmatrix}-1 & -2 & 0\\ 2 & -1 & 0\\ 0 & 0 & 0\end{bmatrix}$，求矩阵 $\boldsymbol{X}$ 满足矩阵方程 $\boldsymbol{XA}-\boldsymbol{B}=2\boldsymbol{E}$.

**解** 由 $\boldsymbol{XA}-\boldsymbol{B}=2\boldsymbol{E}$，知 $\boldsymbol{X}=(\boldsymbol{B}+2\boldsymbol{E})\boldsymbol{A}^{-1}$.

程序如下：

```
A=[0 -1 0;1 0 0;0 0 1]
B=[-1 -2 0;2 -1 0;0 0 0]
E=eye（3）
C=B+2*E
X=C/A（或 X=C*inv（A））
```

运行结果如下：

```
A =
     0    -1     0
     1     0     0
     0     0     1
```

```
B =
    -1    -2    0
     2    -1    0
     0     0    0
E =
    1    0    0
    0    1    0
    0    0    1
C =
    1    -2    0
    2     1    0
    0     0    2
X =
     2    1    0
    -1    2    0
     0    0    2
```

**例 18** 将下列矩阵化为行最简形矩阵，并求矩阵的秩.

(1) $\boldsymbol{A}=\begin{bmatrix}1 & -1 & 2\\ 3 & 2 & 1\\ 1 & -2 & 0\end{bmatrix}$；(2) $\boldsymbol{B}=\begin{bmatrix}2 & 3 & 1 & -3 & -7\\ 1 & 2 & 0 & -2 & -4\\ 3 & -2 & 8 & 3 & 0\\ 2 & -3 & 7 & 4 & 3\end{bmatrix}$.

程序如下：

```
A=[1 -1 2;3 2 1;1 -2 0]
B=[2 3 1 -3 -7
   1 2 0 -2 -4
   3 -2 8 3 0
   2 -3 7 4 3]
C=rref（A）
D=rref（B）
r1=rank（A）
r2=rank（B）
```

运行结果如下：

```
A =
    1    -1    2
    3     2    1
    1    -2    0
```

```
B =
     2     3     1    -3    -7
     1     2     0    -2    -4
     3    -2     8     3     0
     2    -3     7     4     3
C =
     1     0     0
     0     1     0
     0     0     1
D =
     1     0     2     0    -2
     0     1    -1     0     3
     0     0     0     1     4
     0     0     0     0     0
r1 =
     3
r2 =
     3
```

## 2.7.2 数学模型举例

**例 19** 一个生产橄榄球用品的工厂，主要加工以下三种类型的产品：防护帽、垫肩和臀垫．而生产这些产品需要消耗以下原材料：硬塑料、泡沫塑料、尼龙线和劳动力．为了合理监控生产，管理者对产品与原材料之间的关系十分关心．对于这些量之间的关系，其具体数据参见表 2.11．

表 2.11

| | 防护帽 | 垫肩 | 臀垫 |
|---|---|---|---|
| 硬塑料 | 4 | 2 | 2 |
| 泡沫塑料 | 1 | 3 | 2 |
| 尼龙线 | 1 | 3 | 3 |
| 劳动力 | 3 | 2 | 2 |

现接到四份订单，具体数据如表 2.12 所示．

表 2.12

| | 防护帽 | 垫肩 | 臀垫 |
|---|---|---|---|
| 订单 1 | 35 | 10 | 20 |
| 订单 2 | 20 | 15 | 12 |
| 订单 3 | 60 | 50 | 45 |
| 订单 4 | 45 | 40 | 20 |

问：管理者应该如何计算每份订单所需的原材料，以便组织生产？

**【模型假设】**假设不考虑原材料的损耗.

**【模型建立】**将表格写成矩阵的形式，得到

$$\boldsymbol{A}=[a_{ij}]_{4\times 3}=\begin{bmatrix}4&2&2\\1&3&2\\1&3&3\\3&2&2\end{bmatrix},\quad \boldsymbol{B}=[b_{ij}]_{4\times 3}=\begin{bmatrix}35&10&20\\20&15&12\\60&50&45\\45&40&20\end{bmatrix}.$$

根据题意要求每份订单所需的原材料，只需转化成矩阵的乘法即可，即每份订单所需原材料 $\boldsymbol{C}=\boldsymbol{AB}^{\mathrm{T}}$ .

**【模型求解】**在 MATLAB 命令窗口输入以下命令：

```
A=[4 2 3;1 3 2;1 3 3;3 2 2]
B=[35 10 20;20 15 12;60 50 45;45 40 20]
C=A*B'
```

MATLAB 执行后，得

```
C =
    220    146    475    320
    105     89    300    205
    125    101    345    225
    165    114    370    255
```

可见：

完成订单 1 需要消耗硬塑料、泡沫塑料、尼龙线和劳动力的量分别为 220，146，475，320；

完成订单 2 需要消耗硬塑料、泡沫塑料、尼龙线和劳动力的量分别为 105，89，300，205；

完成订单 3 需要消耗硬塑料、泡沫塑料、尼龙线和劳动力的量分别为 125，101，345，225；

完成订单 4 需要消耗硬塑料、泡沫塑料、尼龙线和劳动力的量分别为 165，114，370，255.

**【模型分析】**用矩阵进行建模既直观简洁，又能为后续进行更复杂的运算提供方便.

# 第 3 章　线性方程组

线性代数研究的主要内容之一是线性方程组.在前面的章节中，我们已讨论过当方程的个数与未知量个数相等时的线性方程组的求解方法.但是，实际问题中遇到的大量的线性方程组并不满足上述条件.在本章，我们将进一步研究一般线性方程组解的情况，并介绍更具一般性的求解线性方程组的方法.

## 3.1　线性方程组解的讨论

### 3.1.1　齐次线性方程组解的讨论

由克莱姆法则知，含 $n$ 个未知数、$n$ 个方程的齐次线性方程组有非零解的必要条件为它的系数行列式必为零，那么该条件是否为充分条件；当齐次线性方程组中方程的个数与未知数个数不相等的时候，又应该怎样判断方程组解的情况，这就是接下来要研究的问题. 下面先给出齐次线性方程组的一般形式，再讨论其有解的条件.

设含有 $n$ 个未知数、$m$ 个方程的齐次线性方程组为

$$\begin{cases} a_{11}x_1+a_{12}x_2+\cdots+a_{1n}x_n=0 \\ a_{21}x_1+a_{22}x_2+\cdots+a_{2n}x_n=0 \\ \cdots\cdots\cdots\cdots \\ a_{m1}x_1+a_{m2}x_2+\cdots+a_{mn}x_n=0 \end{cases} \tag{1}$$

记矩阵

$$\boldsymbol{A}=\begin{bmatrix} a_{11} & a_{12} & \cdots & a_{1n} \\ a_{21} & a_{22} & \cdots & a_{2n} \\ \vdots & \vdots & & \vdots \\ a_{m1} & a_{m2} & \cdots & a_{mn} \end{bmatrix},\quad \boldsymbol{X}=\begin{bmatrix} x_1 \\ x_2 \\ \vdots \\ x_n \end{bmatrix},$$

则线性方程组（1）写成矩阵形式为

$$\boldsymbol{AX}=\boldsymbol{O}.$$

其中 $\boldsymbol{A}$ 称为线性方程组（1）的系数矩阵.

我们知道齐次线性方程组一定有零解，所以对齐次线性方程组，需要研究在什么情况下

有非零解，以及在有非零解时如何求出其所有解．下面给出齐次线性方程组解的判定．

**定理 3.1**　$n$ 元齐次线性方程组 $\boldsymbol{AX}=\boldsymbol{O}$ 存在非零解的充要条件是系数矩阵 $\boldsymbol{A}$ 的秩 $R(\boldsymbol{A})<n$，即 $\boldsymbol{AX}=\boldsymbol{O}$ 只有零解的充要条件是 $R(\boldsymbol{A})=n$．

（证明略）

**例 1**　判断齐次线性方程组 $\begin{cases} x_1+2x_2+3x_3=0 \\ 3x_1+2x_2+x_3=0 \\ 2x_1+3x_2+x_3=0 \end{cases}$ 解的情况．

**解**　对齐次线性方程组的系数矩阵 $\boldsymbol{A}$ 施行初等行变换：

$$\boldsymbol{A}=\begin{bmatrix} 1 & 2 & 3 \\ 3 & 2 & 1 \\ 2 & 3 & 1 \end{bmatrix} \overset{\substack{r_2-3r_1 \\ r_3-2r_1}}{\sim} \begin{bmatrix} 1 & 2 & 3 \\ 0 & -4 & -8 \\ 0 & -1 & -5 \end{bmatrix} \overset{\substack{r_2\div(-4) \\ r_3\div(-1)}}{\sim} \begin{bmatrix} 1 & 2 & 3 \\ 0 & 1 & 2 \\ 0 & 1 & 5 \end{bmatrix} \overset{r_3-r_2}{\sim} \begin{bmatrix} 1 & 2 & 3 \\ 0 & 1 & 2 \\ 0 & 0 & 3 \end{bmatrix},$$

可见，$R(\boldsymbol{A})=3$ = 未知量的个数，因此该齐次线性方程组只有零解．

本例也可以计算该方程组的系数行列式，根据系数行列式的值不等于零，得到该方程组只有零解的结论．

**例 2**　判断线性方程组 $\begin{cases} x_1+2x_3-x_4=0 \\ -x_1+x_2-3x_3+2x_4=0 \\ 2x_1-x_2+5x_3-3x_4=0 \end{cases}$ 解的情况．

**解**　因为系数矩阵

$$\boldsymbol{A}=\begin{bmatrix} 1 & 0 & 2 & -1 \\ -1 & 1 & -3 & 2 \\ 2 & -1 & 5 & -3 \end{bmatrix} \overset{\substack{r_2+r_1 \\ r_3-2r_1}}{\sim} \begin{bmatrix} 1 & 0 & 2 & -1 \\ 0 & 1 & -1 & 1 \\ 0 & -1 & 1 & -1 \end{bmatrix} \overset{r_3+r_2}{\sim} \begin{bmatrix} 1 & 0 & 2 & -1 \\ 0 & 1 & -1 & 1 \\ 0 & 0 & 0 & 0 \end{bmatrix},$$

可见，$R(\boldsymbol{A})=2<3$，则方程组有非零解，且一般解为

$$\begin{cases} x_1=-2x_3+x_4 \\ x_2=x_3-x_4 \end{cases}.$$

**例 3**　$\lambda$ 和 $\mu$ 为何值时，齐次方程组 $\begin{cases} \lambda x_1+x_2+x_3=0 \\ x_1+\mu x_2+x_3=0 \\ x_1+2\mu x_2+x_3=0 \end{cases}$ 有非零解？

**解**　由于该方程组的系数矩阵为方阵，故考虑其方阵的行列式：

$$|\boldsymbol{A}|=\begin{vmatrix} \lambda & 1 & 1 \\ 1 & \mu & 1 \\ 1 & 2\mu & 1 \end{vmatrix} \xlongequal{r_1\leftrightarrow r_2} -\begin{vmatrix} 1 & \mu & 1 \\ \lambda & 1 & 1 \\ 1 & 2\mu & 1 \end{vmatrix} \xlongequal{\substack{r_2-\lambda r_1 \\ r_3-r_1}} -\begin{vmatrix} 1 & \mu & 1 \\ 0 & 1-\lambda\mu & 1-\lambda \\ 0 & \mu & 0 \end{vmatrix} = -\mu(1-\lambda).$$

当 $|\boldsymbol{A}|=0$ 时，即 $\mu=0$ 或者 $\lambda=1$ 时齐次方程组有非零解．

### 3.1.2 非齐次线性方程组解的讨论

同样，由克莱姆法则知，含 $n$ 个未知数、$n$ 个方程的非齐次线性方程组无解或有无穷多解时，它的系数行列式等于零；而它有唯一解时，它的系数行列式不等于零. 那么，具体在什么情况下它无解或有无穷多解呢？当非齐次线性方程组中方程的个数与未知数个数不相等的时候，又应该怎样判断方程组解的情况？下面先给出非齐次线性方程组的一般形式，再讨论其解的判定条件.

设含有 $n$ 个未知数、$m$ 个方程的齐次线性方程组为

$$\begin{cases} a_{11}x_1+a_{12}x_2+\cdots+a_{1n}x_n=b_1 \\ a_{21}x_1+a_{22}x_2+\cdots+a_{2n}x_n=b_2 \\ \cdots\cdots\cdots\cdots \\ a_{m1}x_1+a_{m2}x_2+\cdots+a_{mn}x_n=b_m \end{cases} \tag{2}$$

记矩阵

$$\boldsymbol{A}=\begin{bmatrix} a_{11} & a_{12} & \cdots & a_{1n} \\ a_{21} & a_{22} & \cdots & a_{2n} \\ \vdots & \vdots & & \vdots \\ a_{m1} & a_{m2} & \cdots & a_{mn} \end{bmatrix},\quad \boldsymbol{X}=\begin{bmatrix} x_1 \\ x_2 \\ \vdots \\ x_n \end{bmatrix},\quad \boldsymbol{b}=\begin{bmatrix} b_1 \\ b_2 \\ \vdots \\ b_m \end{bmatrix},$$

则线性方程组（2）写成矩阵形式为

$$\boldsymbol{AX}=\boldsymbol{b}.$$

又记矩阵

$$\overline{\boldsymbol{A}}=\begin{bmatrix} a_{11} & a_{12} & \cdots & a_{1n} & b_1 \\ a_{21} & a_{22} & \cdots & a_{2n} & b_2 \\ \vdots & \vdots & & \vdots & \vdots \\ a_{m1} & a_{m2} & \cdots & a_{mn} & b_m \end{bmatrix},$$

则 $\boldsymbol{A}$ 和 $\overline{\boldsymbol{A}}$ 分别称为线性方程组（2）的系数矩阵和增广矩阵.

如果线性方程组（2）中的 $x_1,x_2,\cdots,x_n$ 分别用数 $c_1,c_2,\cdots,c_n$ 代替后可使每个方程变成恒等式，则称有序数组 $c_1,c_2,\cdots,c_n$ 构成 $\boldsymbol{\eta}^*=\begin{pmatrix} c_1 \\ c_2 \\ \vdots \\ c_n \end{pmatrix}$ 为方程组的一个解. 线性方程组所有解的集合称为该方程组的解集.

下面给出非齐次线性方程组解的判定.

**定理 3.2** 线性方程组（2）有解的充分必要条件是其系数矩阵与其增广矩阵具有相同的秩，即 $R(\boldsymbol{A})=R(\overline{\boldsymbol{A}})$.

（证明略）

**推论**　对于线性方程组（2），

（1）无解的充分必要条件是 $R(\boldsymbol{A})\neq R(\overline{\boldsymbol{A}})$；

（2）有唯一解的充分必要条件是 $R(\boldsymbol{A})=R(\overline{\boldsymbol{A}})=n$；

（3）有无穷多解的充分必要条件是 $R(\boldsymbol{A})=R(\overline{\boldsymbol{A}})<n$.

以上说明，非齐次线性方程组不一定有解，所以在求解非齐次线性方程组时，我们首先要判断其是否有解，在有解的情况下，再做进一步的求解运算.

**例 4**　判断非齐次线性方程组 $\begin{cases}4x_1+2x_2-x_3=2\\3x_1-x_2+2x_3=10\\11x_1+3x_2=8\end{cases}$ 解的情况.

**解**　对方程组的增广矩阵 $\overline{\boldsymbol{A}}$ 施行初等行变换：

$$\overline{\boldsymbol{A}}=(\boldsymbol{A},\boldsymbol{b})=\begin{bmatrix}4&2&-1&2\\3&-1&2&10\\11&3&0&8\end{bmatrix}\overset{r_1-r_2}{\sim}\begin{bmatrix}1&3&-3&-8\\3&-1&2&10\\11&3&0&8\end{bmatrix}$$

$$\overset{\substack{r_2-3r_1\\r_3-11r_1}}{\sim}\begin{bmatrix}1&3&-3&-8\\0&-10&11&34\\0&-30&33&96\end{bmatrix}\overset{r_3-3r_2}{\sim}\begin{bmatrix}1&3&-3&-8\\0&-10&11&34\\0&0&0&-6\end{bmatrix},$$

可见，$R(\boldsymbol{A})=2$，$R(\overline{\boldsymbol{A}})=3$，且 $R(\boldsymbol{A})\neq R(\overline{\boldsymbol{A}})$，所以方程组无解.

**例 5**　设非齐次线性方程组 $\begin{cases}\lambda x_1+x_2+x_3=1\\x_1+\lambda x_2+x_3=\lambda\\x_1+x_2+\lambda x_3=\lambda^2\end{cases}$，问 $\lambda$ 取何值时，

（1）有唯一解.

（2）无解.

（3）有无穷多个解.

**解法一**　将方程组的增广矩阵施行初等行变换：

$$\overline{\boldsymbol{A}}=(\boldsymbol{A},\boldsymbol{b})=\begin{bmatrix}\lambda&1&1&1\\1&\lambda&1&\lambda\\1&1&\lambda&\lambda^2\end{bmatrix}\overset{r_1\leftrightarrow r_3}{\sim}\begin{bmatrix}1&1&\lambda&\lambda^2\\1&\lambda&1&\lambda\\\lambda&1&1&1\end{bmatrix}$$

$$\overset{\substack{r_2-r_1\\r_3-\lambda r_1}}{\sim}\begin{bmatrix}1&1&\lambda&\lambda^2\\0&\lambda-1&1-\lambda&\lambda-\lambda^2\\0&1-\lambda&1-\lambda^2&1-\lambda^3\end{bmatrix}\overset{r_3+r_2}{\sim}\begin{bmatrix}1&1&\lambda&\lambda^2\\0&\lambda-1&1-\lambda&\lambda-\lambda^2\\0&0&2-\lambda-\lambda^2&1-\lambda^3+\lambda-\lambda^2\end{bmatrix}.$$

（1）当 $R(\boldsymbol{A})=R(\overline{\boldsymbol{A}})=3$ 时，有

$$\begin{cases}\lambda-1\neq 0\\2-\lambda-\lambda^2\neq 0\end{cases}$$

即 $\lambda\neq -2,\ \lambda\neq 1$ 时，方程组有唯一解.

（2）当 $R(\boldsymbol{A})<R(\overline{\boldsymbol{A}})$ 时，有

$$\begin{cases}2-\lambda-\lambda^2=0\\1-\lambda^3+\lambda-\lambda^2\neq 0\end{cases}$$

即 $\lambda=-2$ 时，方程组无解.

（3）当 $R(\boldsymbol{A})=R(\overline{\boldsymbol{A}})<3$ 时，有

$$\lambda-1=0 \quad 或 \quad \begin{cases}2-\lambda-\lambda^2=0\\1-\lambda^3+\lambda-\lambda^2=0\end{cases}$$

即 $\lambda=1$ 时，方程组有无穷解.

**解法二** 由于该方程组的系数矩阵为方阵，故可以用克莱姆法则求解.

$$|\boldsymbol{A}|=\begin{vmatrix}\lambda&1&1\\1&\lambda&1\\1&1&\lambda\end{vmatrix}\xlongequal{c_1+c_2+c_3}\begin{vmatrix}\lambda+2&1&1\\\lambda+2&\lambda&1\\\lambda+2&1&\lambda\end{vmatrix}\xlongequal{c_1\div(\lambda+2)}(\lambda+2)\begin{vmatrix}1&1&1\\1&\lambda&1\\1&1&\lambda\end{vmatrix}$$

$$\xlongequal[r_3-r_1]{r_2-r_1}(\lambda+2)\begin{vmatrix}1&1&1\\0&\lambda-1&0\\0&0&\lambda-1\end{vmatrix}=(2+\lambda)(\lambda-1)^2$$

由克莱姆法则知，方程组的系数行列式 $|\boldsymbol{A}|\neq 0$，即 $\lambda\neq -2,\lambda\neq 1$ 时有唯一解.

当 $\lambda=-2$ 时，

$$\overline{\boldsymbol{A}}=\begin{bmatrix}-2&1&1&1\\1&-2&1&-2\\1&1&-2&4\end{bmatrix}\overset{r}{\sim}\begin{bmatrix}1&1&-2&4\\0&-3&3&-6\\0&0&0&3\end{bmatrix},$$

知 $R(\boldsymbol{A})=2,\ R(\overline{\boldsymbol{A}})=3$，故方程组无解.

当 $\lambda=1$ 时，

$$\overline{\boldsymbol{A}}=\begin{bmatrix}1&1&1&1\\1&1&1&1\\1&1&1&1\end{bmatrix}\overset{r}{\sim}\begin{bmatrix}1&1&1&1\\0&0&0&0\\0&0&0&0\end{bmatrix},$$

知 $R(\boldsymbol{A})=R(\overline{\boldsymbol{A}})=1$，故方程组有无穷解.

**例 6** 判断非齐次线性方程组 $\begin{cases}x_1+x_2-3x_3-x_4=1\\3x_1-x_2-3x_3+4x_4=4\\x_1+5x_2-9x_3-8x_4=0\end{cases}$ 解的情况.

**解** 对方程组的增广矩阵 $\overline{\boldsymbol{A}}$ 施行初等行变换：

$$\overline{\boldsymbol{A}}=(\boldsymbol{A},\boldsymbol{b})=\begin{bmatrix}1&1&-3&-1&1\\3&-1&-3&4&4\\1&5&-9&-8&0\end{bmatrix}\overset{\substack{r_2-3r_1\\r_3-r_1}}{\sim}\begin{bmatrix}1&1&-3&-1&1\\0&-4&6&7&1\\0&4&-6&-7&-1\end{bmatrix}$$

$$\overset{r_3+r_2}{\sim}\begin{bmatrix}1 & 1 & -3 & -1 & 1\\0 & -4 & 6 & 7 & 1\\0 & 0 & 0 & 0 & 0\end{bmatrix}\overset{r_2\div(-4)}{\sim}\begin{bmatrix}1 & 1 & -3 & -1 & 1\\0 & 1 & -\frac{3}{2} & -\frac{7}{4} & -\frac{1}{4}\\0 & 0 & 0 & 0 & 0\end{bmatrix}$$

$$\overset{r_1-r_2}{\sim}\begin{bmatrix}1 & 0 & -\frac{3}{2} & \frac{3}{4} & \frac{5}{4}\\0 & 1 & -\frac{3}{2} & -\frac{7}{4} & -\frac{1}{4}\\0 & 0 & 0 & 0 & 0\end{bmatrix},$$

可见，$R(\boldsymbol{A})=R(\overline{\boldsymbol{A}})=2<4$，因此方程组有无穷解.

原方程组所对应的同解线性方程组为

$$\begin{cases}x_1=\frac{3}{2}x_3-\frac{3}{4}x_4+\frac{5}{4}\\x_2=\frac{3}{2}x_3+\frac{7}{4}x_4-\frac{1}{4}\end{cases}.$$

那么，我们应该怎样来表示这些解呢？这就涉及我们下一节学习的内容——向量.

## 3.2　向量及相关概念

在第二章中我们已经介绍了向量的概念，本章所涉及的向量默认为列向量.

### 3.2.1　向量组的概念

**定义 3.1**　若干个 $n$ 维行向量（列向量）所组成的集合叫作 $n$ 维行（列）向量组.

例如，我们将 4 个 3 维列向量：

$$\boldsymbol{\alpha}_1=\begin{pmatrix}1\\2\\1\end{pmatrix},\ \boldsymbol{\alpha}_2=\begin{pmatrix}-3\\4\\7\end{pmatrix},\ \boldsymbol{\alpha}_3=\begin{pmatrix}2\\-1\\5\end{pmatrix},\ \boldsymbol{\alpha}_4=\begin{pmatrix}4\\6\\1\end{pmatrix}$$

称为 3 维列向量组.

### 3.2.2　向量组的线性表示

**例 1**　现平面上有 7 个二维向量分别为：$\boldsymbol{\alpha}_1=\begin{pmatrix}2\\1\end{pmatrix}$，$\boldsymbol{\alpha}_2=\begin{pmatrix}3\\3\end{pmatrix}$，$\boldsymbol{\alpha}_3=\begin{pmatrix}1\\2\end{pmatrix}$，$\boldsymbol{\alpha}_4=\begin{pmatrix}-1\\1\end{pmatrix}$，$\boldsymbol{\alpha}_5=\begin{pmatrix}-2\\2\end{pmatrix}$，$\boldsymbol{\alpha}_6=\begin{pmatrix}-3\\-1\end{pmatrix}$，$\boldsymbol{\alpha}_7=\begin{pmatrix}2\\-2\end{pmatrix}$.

仔细观察图 3.1 所示图形，发现：

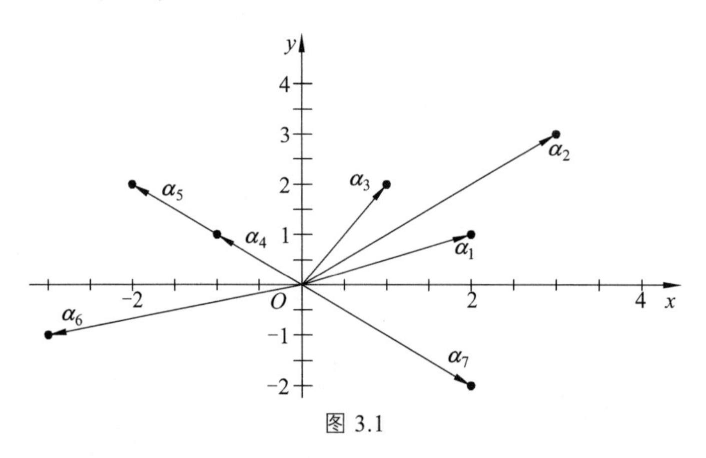


图 3.1

向量$\boldsymbol{\alpha}_2$可以由$\boldsymbol{\alpha}_1$和$\boldsymbol{\alpha}_3$两个向量相加得到，即$\boldsymbol{\alpha}_2=\boldsymbol{\alpha}_1+\boldsymbol{\alpha}_3$；

向量$\boldsymbol{\alpha}_5$可以由$\boldsymbol{\alpha}_4$乘以 2 得到，也可以由$\boldsymbol{\alpha}_7$乘以 − 1 得到，即$\boldsymbol{\alpha}_5=2\boldsymbol{\alpha}_4$或$\boldsymbol{\alpha}_5=-\boldsymbol{\alpha}_7$；

向量$\boldsymbol{\alpha}_6$也可以由$\boldsymbol{\alpha}_2$的数乘和$\boldsymbol{\alpha}_7$的数乘之和得到，即$\boldsymbol{\alpha}_6=-\dfrac{2}{3}\boldsymbol{\alpha}_2-\dfrac{1}{2}\boldsymbol{\alpha}_7$；

…………

通过例 1 可以得到：一个向量可以由另一个或几个向量（向量组）用数乘之和的形式表示出来，由此我们给出线性表示和线性组合的概念.

**定义 3.2** 给定向量组$A:\boldsymbol{\alpha}_1,\boldsymbol{\alpha}_2,\cdots,\boldsymbol{\alpha}_r$，若存在一组数$k_1,k_2,\cdots,k_r$，使

$$\boldsymbol{\beta}=k_1\boldsymbol{\alpha}_1+k_2\boldsymbol{\alpha}_2+\cdots+k_r\boldsymbol{\alpha}_r$$

成立，则称向量$\boldsymbol{\beta}$可由向量组$\boldsymbol{A}$线性表示（或线性表出），并称向量$\boldsymbol{\beta}$是向量组$\boldsymbol{A}:\boldsymbol{\alpha}_1,\boldsymbol{\alpha}_2,\cdots,\boldsymbol{\alpha}_r$的线性组合.

根据例 1 可得，$\boldsymbol{\alpha}_2$可由$\boldsymbol{\alpha}_1$和$\boldsymbol{\alpha}_3$线性表出，即$\boldsymbol{\alpha}_2$是$\boldsymbol{\alpha}_1$和$\boldsymbol{\alpha}_3$的线性组合；$\boldsymbol{\alpha}_5$可由$\boldsymbol{\alpha}_4$线性表出，即$\boldsymbol{\alpha}_5$是$\boldsymbol{\alpha}_4$的线性组合；$\boldsymbol{\alpha}_5$可由$\boldsymbol{\alpha}_7$线性表出，即$\boldsymbol{\alpha}_5$是$\boldsymbol{\alpha}_7$的线性组合；$\boldsymbol{\alpha}_6$可由$\boldsymbol{\alpha}_2$和$\boldsymbol{\alpha}_7$线性表出，即$\boldsymbol{\alpha}_6$是$\boldsymbol{\alpha}_2$和$\boldsymbol{\alpha}_7$的线性组合.

设有 3 个三维向量$\boldsymbol{\alpha}_1=\begin{pmatrix}1\\2\\3\end{pmatrix}$，$\boldsymbol{\alpha}_2=\begin{pmatrix}2\\3\\4\end{pmatrix}$，$\boldsymbol{\beta}=\begin{pmatrix}3\\5\\7\end{pmatrix}$，因为它们有关系

$$\boldsymbol{\beta}=\boldsymbol{\alpha}_1+\boldsymbol{\alpha}_2,$$

所以称向量$\boldsymbol{\beta}$可由向量$\boldsymbol{\alpha}_1,\boldsymbol{\alpha}_2$线性表出，向量$\boldsymbol{\beta}$是向量$\boldsymbol{\alpha}_1,\boldsymbol{\alpha}_2$的线性组合.

向量$\boldsymbol{0}=\begin{pmatrix}0\\0\\0\\0\end{pmatrix}$与向量$\boldsymbol{\alpha}_1=\begin{pmatrix}1\\2\\3\\4\end{pmatrix}$，$\boldsymbol{\alpha}_2=\begin{pmatrix}2\\4\\5\\8\end{pmatrix}$之间存在关系：

$$\boldsymbol{0}=0\boldsymbol{\alpha}_1+0\boldsymbol{\alpha}_2,$$

我们称向量 $\mathbf{0}$ 是向量 $\boldsymbol{\alpha}_1,\boldsymbol{\alpha}_2$ 的线性组合.

**注**：在定义 3.2 中，数 $k_1,k_2,\cdots,k_r$ 是没有加什么限制的：它们可以全不为零；可以一部分为零，一部分不为零（即不全为零）；也可以全为零.

设有 $n$ 个 $n$ 维单位向量：

$$\boldsymbol{e}_1=\begin{pmatrix}1\\0\\\vdots\\0\end{pmatrix},\boldsymbol{e}_2=\begin{pmatrix}1\\0\\\vdots\\0\end{pmatrix},\cdots,\boldsymbol{e}_n=\begin{pmatrix}1\\0\\\vdots\\0\end{pmatrix}$$

由于任一个 $n$ 维向量 $\boldsymbol{\alpha}=(a_1,a_2,\cdots,a_n)$ 都可以表示成

$$\boldsymbol{\alpha}=a_1\boldsymbol{e}_1+a_2\boldsymbol{e}_2+\cdots+a_n\boldsymbol{e}_n,$$

所以 $n$ 维向量 $\boldsymbol{\alpha}$ 是 $\boldsymbol{e}_1,\boldsymbol{e}_2,\cdots,\boldsymbol{e}_n$ 的线性组合，或者说任一个 $n$ 维向量均可由 $\boldsymbol{e}_1,\boldsymbol{e}_2,\cdots,\boldsymbol{e}_n$ 线性表示. 通常称 $\boldsymbol{e}_1,\boldsymbol{e}_2,\cdots,\boldsymbol{e}_n$ 为 $n$ 维单位坐标向量组.

**例 2**　设有 5 个三维向量 $\boldsymbol{\beta}=\begin{pmatrix}1\\4\\0\end{pmatrix},\boldsymbol{\alpha}_1=\begin{pmatrix}1\\3\\1\end{pmatrix},\boldsymbol{\alpha}_2=\begin{pmatrix}1\\-1\\5\end{pmatrix},\boldsymbol{\alpha}_3=\begin{pmatrix}-3\\-3\\-9\end{pmatrix},\boldsymbol{\alpha}_4=\begin{pmatrix}-1\\4\\-8\end{pmatrix}$，判断向量 $\boldsymbol{\beta}$ 是否可由 $\boldsymbol{\alpha}_1,\boldsymbol{\alpha}_2,\boldsymbol{\alpha}_3,\boldsymbol{\alpha}_4$ 线性表示？

**解**　设存在一组数 $k_1,k_2,k_3,k_4$，使得关系式 $\boldsymbol{\beta}=k_1\boldsymbol{\alpha}_1+k_2\boldsymbol{\alpha}_2+k_3\boldsymbol{\alpha}_3+k_4\boldsymbol{\alpha}_4$ 成立，即有

$$\begin{pmatrix}1\\4\\0\end{pmatrix}=k_1\begin{pmatrix}1\\3\\1\end{pmatrix}+k_2\begin{pmatrix}1\\-1\\5\end{pmatrix}+k_3\begin{pmatrix}-3\\-3\\-9\end{pmatrix}+k_4\begin{pmatrix}-1\\4\\-8\end{pmatrix}.$$

由向量运算和向量相等的定义，有关系式

$$\begin{cases}k_1+k_2-3k_3-k_4=1\\3k_1-k_2-3k_3+4k_4=4,\\k_1+5k_2-9k_3-8k_4=0\end{cases}$$

此方程组的增广矩阵为

$$\overline{\boldsymbol{A}}=\begin{bmatrix}1&1&-3&-1&1\\3&-1&-3&4&4\\1&5&-9&-8&0\end{bmatrix}\sim\begin{bmatrix}1&0&-\frac{3}{2}&\frac{3}{4}&\frac{5}{4}\\0&1&-\frac{3}{2}&-\frac{7}{4}&-\frac{1}{4}\\0&0&0&0&0\end{bmatrix},$$

因此有 $R(\overline{\boldsymbol{A}})=R(\boldsymbol{A})$，即方程组有解. 其解为

$$\begin{cases} k_1 = \frac{3}{2}k_3 - \frac{3}{4}k_4 + \frac{5}{4} \\ k_2 = \frac{3}{2}k_3 + \frac{7}{4}k_4 - \frac{1}{4} \end{cases}.$$

任取一组符合条件的 $k_1 = \frac{5}{4}, k_2 = -\frac{1}{4}, k_3 = 0, k_4 = 0$，则有 $\boldsymbol{\beta} = \frac{5}{4}\boldsymbol{\alpha}_1 - \frac{1}{4}\boldsymbol{\alpha}_2 + 0\boldsymbol{\alpha}_3 + 0\boldsymbol{\alpha}_4$，即向量 $\boldsymbol{\beta}$ 可由 $\boldsymbol{\alpha}_1,\boldsymbol{\alpha}_2,\boldsymbol{\alpha}_3,\boldsymbol{\alpha}_4$ 线性表示.

**例 3** 设有 5 个 3 维向量

$$\boldsymbol{\beta} = \begin{pmatrix} 1 \\ 2 \\ 3 \end{pmatrix}, \boldsymbol{\alpha}_1 = \begin{pmatrix} 1 \\ 3 \\ 2 \end{pmatrix}, \boldsymbol{\alpha}_2 = \begin{pmatrix} -2 \\ -1 \\ 1 \end{pmatrix}, \boldsymbol{\alpha}_3 = \begin{pmatrix} 3 \\ 5 \\ 2 \end{pmatrix}, \boldsymbol{\alpha}_4 = \begin{pmatrix} -1 \\ -3 \\ -2 \end{pmatrix},$$

判断向量 $\boldsymbol{\beta}$ 是否可由 $\boldsymbol{\alpha}_1,\boldsymbol{\alpha}_2,\boldsymbol{\alpha}_3,\boldsymbol{\alpha}_4$ 线性表示？

**解** 设存在一组数 $k_1,k_2,k_3,k_4$，使得关系式 $\boldsymbol{\beta} = k_1\boldsymbol{\alpha}_1 + k_2\boldsymbol{\alpha}_2 + k_3\boldsymbol{\alpha}_3 + k_4\boldsymbol{\alpha}_4$ 成立，即有

$$\begin{pmatrix} 1 \\ 2 \\ 3 \end{pmatrix} = k_1\begin{pmatrix} 1 \\ 3 \\ 2 \end{pmatrix} + k_2\begin{pmatrix} -2 \\ -1 \\ 1 \end{pmatrix} + k_3\begin{pmatrix} 3 \\ 5 \\ 2 \end{pmatrix} + k_4\begin{pmatrix} -1 \\ -3 \\ -2 \end{pmatrix}.$$

由向量运算和向量相等的定义，有关系式

$$\begin{cases} k_1 - 2k_2 + 3k_3 - k_4 = 1 \\ 3k_1 - k_2 + 5k_3 - 3k_4 = 2 \\ 2k_1 + k_2 + 2k_3 - 2k_4 = 3 \end{cases},$$

此方程组的增广矩阵为

$$\overline{\boldsymbol{A}} = \begin{bmatrix} 1 & -2 & 3 & -1 & 1 \\ 3 & -1 & 5 & -3 & 2 \\ 2 & 1 & 2 & -2 & 3 \end{bmatrix} \sim \begin{bmatrix} 1 & -2 & 3 & -1 & 1 \\ 0 & 5 & -4 & 0 & -1 \\ 0 & 0 & 0 & 0 & 2 \end{bmatrix},$$

因此有 $R(\overline{\boldsymbol{A}}) \neq R(\boldsymbol{A})$，即方程组无解.

所以向量 $\boldsymbol{\beta}$ 不能由 $\boldsymbol{\alpha}_1,\boldsymbol{\alpha}_2,\boldsymbol{\alpha}_3,\boldsymbol{\alpha}_4$ 线性表示.

**注：**若一个向量能由向量组线性表示 $\Leftrightarrow$ 其对应的非齐次线性方程组有解.

若一个向量不能由向量组线性表示 $\Leftrightarrow$ 其对应的非齐次线性方程组无解.

### 3.2.3 线性相关与线性无关的概念

由例 1 可得：

（1）因为向量 $\boldsymbol{\alpha}_5 = 2\boldsymbol{\alpha}_4$，即有 $2\boldsymbol{\alpha}_4 - \boldsymbol{\alpha}_5 = \mathbf{0}$ 成立 $\Rightarrow$ 对于向量 $\boldsymbol{\alpha}_4$ 和 $\boldsymbol{\alpha}_5$ 存在两个不同时为 0 的数 2 和 $-1$，使上面关于 $\boldsymbol{\alpha}_4$，$\boldsymbol{\alpha}_5$ 的等式成立.

（2）由于 $\boldsymbol{\alpha}_1$ 与 $\boldsymbol{\alpha}_2$ 不共线（可推出 $\boldsymbol{\alpha}_1$ 与 $\boldsymbol{\alpha}_2$ 不能相互地线性表出），因此对于任何不全为零的两个数 $k_1$ 和 $k_2$，总有

$$k_1\boldsymbol{\alpha}_1 + k_2\boldsymbol{\alpha}_2 \neq \mathbf{0}.$$

将上面向量共线或不共线的关系推广到 $m$ 个 $n$ 维向量上，我们有下面的定义.

**定义 3.3**　设有 $n$ 维向量组 $\boldsymbol{\alpha}_1, \boldsymbol{\alpha}_2, \cdots, \boldsymbol{\alpha}_m$，若存在不全为 $\mathbf{0}$ 的数 $k_1$，$k_2, \cdots$，$k_m$，使得

$$k_1\boldsymbol{\alpha}_1 + k_2\boldsymbol{\alpha}_2 + \cdots + k_m\boldsymbol{\alpha}_m = \mathbf{0},$$

则称向量组 $\boldsymbol{\alpha}_1, \boldsymbol{\alpha}_2, \cdots, \boldsymbol{\alpha}_m$ **线性相关**，否则称它们**线性无关**. 换言之，向量组 $\boldsymbol{\alpha}_1, \boldsymbol{\alpha}_2, \cdots, \boldsymbol{\alpha}_m$ 线性无关是指只有当 $k_1 = k_2 = \cdots = k_m = 0$，才有 $k_1\boldsymbol{\alpha}_1 + k_2\boldsymbol{\alpha}_2 + \cdots + k_m\boldsymbol{\alpha}_m = \mathbf{0}$ 成立.

由此可知，两组向量 $\boldsymbol{\alpha}_4$ 和 $\boldsymbol{\alpha}_5$ 线性相关，而向量组 $\boldsymbol{\alpha}_1$ 与 $\boldsymbol{\alpha}_2$ 则线性无关.

**注**：一个向量组里，只要有一个向量可以由其他向量线性表出，我们就称这个向量组线性相关；反之，如果向量组里的任意一个向量都不能由其他向量线性表出，我们就称向量组线性无关.

**例 4**　讨论三维向量组 $\boldsymbol{\alpha}_1 = \begin{pmatrix} 1 \\ 2 \\ 1 \end{pmatrix}, \boldsymbol{\alpha}_2 = \begin{pmatrix} 2 \\ 1 \\ -1 \end{pmatrix}, \boldsymbol{\alpha}_3 = \begin{pmatrix} 2 \\ -2 \\ -4 \end{pmatrix}, \boldsymbol{\alpha}_4 = \begin{pmatrix} 1 \\ -2 \\ -3 \end{pmatrix}$ 的线性相关性.

**解**　设存在一组数 $k_1, k_2, k_3, k_4$，使得关系式 $k_1\boldsymbol{\alpha}_1 + k_2\boldsymbol{\alpha}_2 + k_3\boldsymbol{\alpha}_3 + k_4\boldsymbol{\alpha}_4 = \mathbf{0}$ 成立，即有

$$k_1\begin{pmatrix} 1 \\ 2 \\ 1 \end{pmatrix} + k_2\begin{pmatrix} 2 \\ 1 \\ -1 \end{pmatrix} + k_3\begin{pmatrix} 2 \\ -2 \\ -4 \end{pmatrix} + k_4\begin{pmatrix} 1 \\ -2 \\ -3 \end{pmatrix} = \begin{pmatrix} 0 \\ 0 \\ 0 \end{pmatrix}.$$

由向量运算和向量相等的定义，有关系式

$$\begin{cases} k_1 + 2k_2 + 2k_3 + k_4 = 0 \\ 2k_1 + k_2 - 2k_3 - 2k_4 = 0, \\ k_1 - k_2 - 4k_3 - 3k_4 = 0 \end{cases}$$

此方程组的系数矩阵

$$\boldsymbol{A} = \begin{bmatrix} 1 & 2 & 2 & 1 \\ 2 & 1 & -2 & -2 \\ 1 & -1 & -4 & -3 \end{bmatrix} \sim \begin{bmatrix} 1 & 0 & -2 & -\dfrac{5}{3} \\ 0 & 1 & 2 & \dfrac{4}{3} \\ 0 & 0 & 0 & 0 \end{bmatrix},$$

因此有 $R(\boldsymbol{A}) = 2 < 3$，即齐次线性方程组有非零解，且有

$$\begin{cases} k_1 = 2k_3 + \dfrac{5}{3}k_4 \\ k_2 = -2k_3 - \dfrac{4}{3}k_4 \end{cases}.$$

任取一组符合条件的 $k_1 = \dfrac{11}{3}, k_2 = -\dfrac{10}{3}, k_3 = 1, k_4 = 1$，所以向量组 $\boldsymbol{\alpha}_1, \boldsymbol{\alpha}_2, \boldsymbol{\alpha}_3, \boldsymbol{\alpha}_4$ 线性相关.

**例 5** 讨论三维向量组$\boldsymbol{\alpha}_1=\begin{pmatrix}1\\3\\2\end{pmatrix},\boldsymbol{\alpha}_2=\begin{pmatrix}2\\2\\3\end{pmatrix},\boldsymbol{\alpha}_3=\begin{pmatrix}3\\1\\1\end{pmatrix}$的线性相关性.

**解** 设存在一组数$k_1,k_2,k_3$，使得关系式$k_1\boldsymbol{\alpha}_1+k_2\boldsymbol{\alpha}_2+k_3\boldsymbol{\alpha}_3=\boldsymbol{0}$成立，即有

$$k_1\begin{pmatrix}1\\3\\2\end{pmatrix}+k_2\begin{pmatrix}2\\2\\3\end{pmatrix}+k_3\begin{pmatrix}3\\1\\1\end{pmatrix}=\begin{pmatrix}0\\0\\0\end{pmatrix}.$$

由向量运算和向量相等的定义，有关系式

$$\begin{cases}k_1+2k_2+3k_3=0\\3k_1+2k_2+k_3=0\\2k_1+3k_2+k_3=0\end{cases},$$

此方程组的系数矩阵

$$\boldsymbol{A}=\begin{bmatrix}1&2&3\\3&2&1\\2&3&1\end{bmatrix}\sim\begin{bmatrix}1&2&3\\0&1&2\\0&0&3\end{bmatrix},$$

因此有$R(\boldsymbol{A})=3$，即齐次线性方程组只有零解，所以向量组$\boldsymbol{\alpha}_1,\boldsymbol{\alpha}_2,\boldsymbol{\alpha}_3$线性无关.

**注**：若向量组线性相关$\Leftrightarrow$其对应的齐次线性方程组有非零解.

若向量组线性无关$\Leftrightarrow$其对应的齐次线性方程组只有零解.

### 3.2.4 向量组的等价

**定义 3.4** 设有两个$n$维向量组

$$\begin{aligned}&\boldsymbol{A}:\boldsymbol{\alpha}_1,\boldsymbol{\alpha}_2,\cdots,\boldsymbol{\alpha}_r\\&\boldsymbol{B}:\boldsymbol{\beta}_1,\boldsymbol{\beta}_2,\cdots,\boldsymbol{\beta}_s\end{aligned},$$

如果向量组$\boldsymbol{A}$中的每一个向量都可由向量组$\boldsymbol{B}$线性表示，则称向量组$\boldsymbol{A}$能由向量组$\boldsymbol{B}$线性表示. 如果向量组$\boldsymbol{A}$能由向量组$\boldsymbol{B}$线性表示，向量组$\boldsymbol{B}$也能由向量组$\boldsymbol{A}$线性表示，则称向量组$\boldsymbol{A}$与向量组$\boldsymbol{B}$等价.

设向量组$\boldsymbol{A}$能由向量组$\boldsymbol{B}$线性表示，则存在$r$组数$k_{i1},k_{i2},\cdots,k_{is}$（$i=1,2,\cdots,r$），使得关系式

$$\boldsymbol{\alpha}_i=k_{i1}\boldsymbol{\beta}_1+k_{i2}\boldsymbol{\beta}_2+\cdots+k_{is}\boldsymbol{\beta}_s.$$

当向量组$\boldsymbol{A}$，$\boldsymbol{B}$是行向量组时，令矩阵

$$A=\begin{bmatrix}\boldsymbol{\alpha}_1\\ \boldsymbol{\alpha}_2\\ \vdots\\ \boldsymbol{\alpha}_r\end{bmatrix},\quad B=\begin{bmatrix}\boldsymbol{\beta}_1\\ \boldsymbol{\beta}_2\\ \vdots\\ \boldsymbol{\beta}_s\end{bmatrix},$$

则存在 $r\times s$ 矩阵 $\boldsymbol{K}=(k_{ij})_{r\times s}$，使

$$\boldsymbol{A}=\boldsymbol{KB}.$$

其中 $\boldsymbol{K}$ 的第 $i$ 行元素就是向量 $\boldsymbol{\alpha}_i$ 被向量组 $\boldsymbol{B}$ 线性表示的系数.

例如　向量组 $\boldsymbol{\beta}_1=\begin{pmatrix}1\\2\end{pmatrix}$，$\boldsymbol{\beta}_2=\begin{pmatrix}2\\3\end{pmatrix}$，$\boldsymbol{\beta}_3=\begin{pmatrix}-1\\2\end{pmatrix}$可由向量组 $\boldsymbol{\alpha}_1=\begin{pmatrix}1\\0\end{pmatrix}$，$\boldsymbol{\alpha}_2=\begin{pmatrix}0\\1\end{pmatrix}$线性表示：

$$\begin{aligned}\boldsymbol{\beta}_1&=\boldsymbol{\alpha}_1+2\boldsymbol{\alpha}_2\\ \boldsymbol{\beta}_2&=2\boldsymbol{\alpha}_1+3\boldsymbol{\alpha}_2\\ \boldsymbol{\beta}_3&=-\boldsymbol{\alpha}_1+2\boldsymbol{\alpha}_2\end{aligned}\Leftrightarrow\begin{bmatrix}\boldsymbol{\beta}_1\\ \boldsymbol{\beta}_2\\ \boldsymbol{\beta}_3\end{bmatrix}=\begin{bmatrix}1&2\\2&3\\-1&2\end{bmatrix}\begin{bmatrix}\boldsymbol{\alpha}_1\\ \boldsymbol{\alpha}_2\end{bmatrix},$$

而向量组 $\boldsymbol{\alpha}_1,\boldsymbol{\alpha}_2$ 也可由向量组 $\boldsymbol{\beta}_1,\boldsymbol{\beta}_2,\boldsymbol{\beta}_3$ 线性表示：

$$\begin{aligned}\boldsymbol{\alpha}_1&=-3\boldsymbol{\beta}_1+2\boldsymbol{\beta}_2+0\boldsymbol{\beta}_3\\ \boldsymbol{\alpha}_2&=2\boldsymbol{\beta}_1-\boldsymbol{\beta}_2+0\boldsymbol{\beta}_3\end{aligned}\Leftrightarrow\begin{bmatrix}\boldsymbol{\alpha}_1\\ \boldsymbol{\alpha}_2\end{bmatrix}=\begin{bmatrix}-3&2&0\\2&-1&0\end{bmatrix}\begin{bmatrix}\boldsymbol{\beta}_1\\ \boldsymbol{\beta}_2\\ \boldsymbol{\beta}_3\end{bmatrix},$$

这说明向量组 $\boldsymbol{\beta}_1,\boldsymbol{\beta}_2,\boldsymbol{\beta}_3$ 与向量组 $\boldsymbol{\alpha}_1,\boldsymbol{\alpha}_2$ 等价.

直线上等价向量组的几何意义：

如图 3.2 所示的三维空间中，共有三条分离的不共面直线，每条直线上分别有两个、三个和四个向量. 两向量 $\boldsymbol{\alpha}_1,\boldsymbol{\alpha}_2$ 在一条直线上；三向量 $\boldsymbol{\beta}_1,\boldsymbol{\beta}_2,\boldsymbol{\beta}_3$ 在另外一条直线上；四向量 $\boldsymbol{\gamma}_1,\boldsymbol{\gamma}_2,\boldsymbol{\gamma}_3,\boldsymbol{\gamma}_4$ 在第三条直线上.

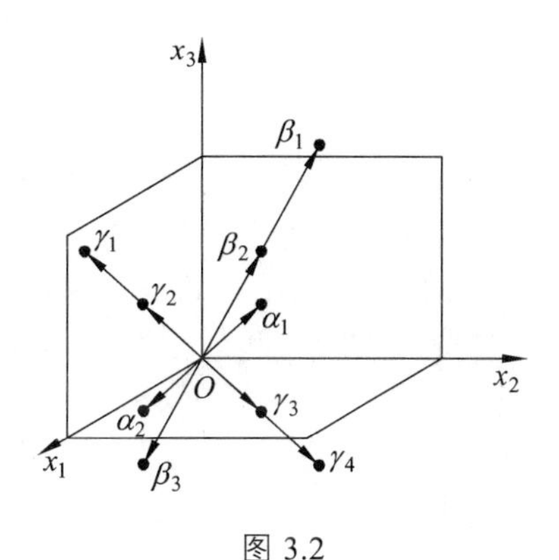


图 3.2

由此，我们可以验证以下命题：

（1）$\{\boldsymbol{\alpha}_1\},\{\boldsymbol{\alpha}_2\}\{\boldsymbol{\alpha}_1,\boldsymbol{\alpha}_2\}$ 是等价向量组；

（2）$\left.\begin{array}{l}\{\boldsymbol{\beta}_1\},\{\boldsymbol{\beta}_2\},\{\boldsymbol{\beta}_3\}\\ \{\boldsymbol{\beta}_1,\boldsymbol{\beta}_2\},\{\boldsymbol{\beta}_1,\boldsymbol{\beta}_3\},\{\boldsymbol{\beta}_2,\boldsymbol{\beta}_3\}\\ \{\boldsymbol{\beta}_1,\boldsymbol{\beta}_2,\boldsymbol{\beta}_3\}\end{array}\right\}$ 是等价向量组；

$$(3)\left.\begin{array}{l}\{\gamma_1\},\{\gamma_2\}\{\gamma_3\},\{\gamma_4\}\\ \{\gamma_1,\gamma_2\},\{\gamma_1,\gamma_3\},\{\gamma_1,\gamma_4\},\{\gamma_2,\gamma_3\},\{\gamma_2,\gamma_4\},\{\gamma_3,\gamma_4\}\\ \{\gamma_1,\gamma_2,\gamma_3\},\{\gamma_1,\gamma_2,\gamma_4\},\{\gamma_1,\gamma_3,\gamma_4\},\{\gamma_2,\gamma_3,\gamma_4\}\\ \{\gamma_1,\gamma_2,\gamma_3,\gamma_4\}\end{array}\right\}\text{是等价向量组.}$$

上述命题不用验证也可以知道，因为我们罗列的等价向量组是在同一条直线上，而在一条直线上的向量是可以相互线性表示的.

对于更多的向量组，如果它们所属的直线集合是相等的，那么这些向量组也是等价的. 例如三个向量组$\{\alpha_1,\gamma_2\},\{\alpha_2,\gamma_1,\gamma_3,\gamma_4\},\{\alpha_1,\alpha_2,\gamma_1,\gamma_2,\gamma_3,\gamma_4\}$是等价的，因为每一组的向量都在$\boldsymbol{\alpha},\boldsymbol{\gamma}$两条直线上.

很容易证明，向量组之间的等价关系有以下三个性质：

（1）**反身性**：每一个向量组都与它自身等价.

（2）**对称性**：如果向量组$\boldsymbol{a}_1$，$\boldsymbol{a}_2,\cdots$，$\boldsymbol{a}_m$与向量组$\boldsymbol{b}_1$，$\boldsymbol{b}_2,\cdots$，$\boldsymbol{b}_i$等价，则向量组$\boldsymbol{b}_1$，$\boldsymbol{b}_2,\cdots$，$\boldsymbol{b}_i$与向量组$\boldsymbol{a}_1$，$\boldsymbol{a}_2,\cdots$，$\boldsymbol{a}_m$等价.

（3）**传递性**：如果向量组$\boldsymbol{a}_1$，$\boldsymbol{a}_2,\cdots$，$\boldsymbol{a}_m$与向量组$\boldsymbol{b}_1$，$\boldsymbol{b}_2,\cdots$，$\boldsymbol{b}_i$等价，又向量组$\boldsymbol{b}_1$，$\boldsymbol{b}_2,\cdots$，$\boldsymbol{b}_i$与向量组$\boldsymbol{c}_1$，$\boldsymbol{c}_2,\cdots$，$\boldsymbol{c}_t$等价，则向量组$\boldsymbol{a}_1$，$\boldsymbol{a}_2,\cdots$，$\boldsymbol{a}_m$与向量组$\boldsymbol{c}_1$，$\boldsymbol{c}_2,\cdots$，$\boldsymbol{c}_t$等价.

在数学中，把具有上述 3 个性质的关系，称为等价关系.

### 3.2.5 向量组的最大无关组和向量组的秩

由于向量空间中的向量无穷多，因此可以有无数个向量组等价. 等价的向量组中的向量个数也不尽相同.

4 个二维向量

$$\boldsymbol{\alpha}_1=(1,0),\quad \boldsymbol{\alpha}_2=(0,1)$$

$$\boldsymbol{\alpha}_3=(2,0),\quad \boldsymbol{\alpha}_4=(0,2)$$

中，向量$\boldsymbol{\alpha}_1$，$\boldsymbol{\alpha}_2$是线性无关的，而$\boldsymbol{\alpha}_1,\boldsymbol{\alpha}_2,\boldsymbol{\alpha}_3$是线性相关的；$\boldsymbol{\alpha}_1,\boldsymbol{\alpha}_2,\boldsymbol{\alpha}_4$是线性相关的，也就是从原向量组的其余向量中任取一个向量加到$\boldsymbol{\alpha}_1$，$\boldsymbol{\alpha}_2$中所成的向量组都是线性相关的. 那么$\boldsymbol{\alpha}_1$，$\boldsymbol{\alpha}_2$这个线性无关的部分组就是最大的无关了，所以称向量组$\boldsymbol{\alpha}_1$，$\boldsymbol{\alpha}_2$是向量组$\boldsymbol{\alpha}_1,\boldsymbol{\alpha}_2,\boldsymbol{\alpha}_3,\boldsymbol{\alpha}_4$的最大无关向量组，简称最大无关组. 同样容易验证，$\boldsymbol{\alpha}_3$，$\boldsymbol{\alpha}_4$也是向量组$\boldsymbol{\alpha}_1,\boldsymbol{\alpha}_2,\boldsymbol{\alpha}_3,\boldsymbol{\alpha}_4$的最大无关向量组.

**定义 3.5** 一个向量组$\boldsymbol{A}$中的部分向量$\boldsymbol{\alpha}_1,\boldsymbol{\alpha}_2,\cdots,\boldsymbol{\alpha}_r$，若满足如下两个条件：

（1）$\boldsymbol{\alpha}_1,\boldsymbol{\alpha}_2,\cdots,\boldsymbol{\alpha}_r$线性无关；

（2）任取$\boldsymbol{\alpha}\in\boldsymbol{A}$，总有$\boldsymbol{\alpha}_1,\boldsymbol{\alpha}_2,\cdots,\boldsymbol{\alpha}_r$，$\boldsymbol{\alpha}$线性相关，则称部分向量组$\boldsymbol{\alpha}_1,\boldsymbol{\alpha}_2,\cdots,\boldsymbol{\alpha}_r$是向量组$\boldsymbol{A}$的最大无关组，简称最大无关组.

由于向量组的最大无关组不是唯一的，但不同的最大无关组所含向量的个数是相等的，我们把向量组$\boldsymbol{A}$中最大无关组所含向量个数称为向量组$\boldsymbol{A}$的**秩**，记为$R(\boldsymbol{A})$或$r(\boldsymbol{A})$.

**定理 3.3** 设$\boldsymbol{A}$为$m\times n$矩阵，则矩阵$\boldsymbol{A}$的秩等于它的行向量组的秩，也等于它的列向量组的秩.

（证明略）

由上述的理论基础，我们给出求向量组秩以及最大无关组的方法：

（1）将所给的列向量组 $\boldsymbol{\alpha}_1,\boldsymbol{\alpha}_2,\cdots,\boldsymbol{\alpha}_s$ 按列排成 $s$ 列的矩阵 $\boldsymbol{A}=[\boldsymbol{\alpha}_1\quad\boldsymbol{\alpha}_2\quad\cdots\quad\boldsymbol{\alpha}_s]$.

例如，将向量 $\boldsymbol{\alpha}_1=\begin{pmatrix}1\\1\\3\\1\end{pmatrix},\boldsymbol{\alpha}_2=\begin{pmatrix}-1\\1\\-1\\3\end{pmatrix},\boldsymbol{\alpha}_3=\begin{pmatrix}5\\-2\\8\\-9\end{pmatrix},\boldsymbol{\alpha}_4=\begin{pmatrix}-1\\3\\1\\7\end{pmatrix}$ 按列排成四行四列的矩阵

$$\boldsymbol{A}=\begin{bmatrix}1&-1&5&-1\\1&1&-2&3\\3&-1&8&1\\1&3&-9&7\end{bmatrix}.$$

（2）对矩阵 $\boldsymbol{A}$ 作初等行变换将其化为阶梯型矩阵（参看第二章）. 例如，

$$\boldsymbol{A}=\begin{bmatrix}1&-1&5&-1\\1&1&-2&3\\3&-1&8&1\\1&3&-9&7\end{bmatrix}\overset{r}{\sim}\begin{bmatrix}1&-1&5&-1\\0&2&-7&4\\0&0&0&0\\0&0&0&0\end{bmatrix}.$$

（3）由阶梯型矩阵中找出非零行，其非零行的行数即向量组的秩，而非零行的非零首元所在的列对应的原向量所组成的向量组为原向量组的最大无关组. 例如，向量组 $\boldsymbol{\alpha}_1,\boldsymbol{\alpha}_2,\boldsymbol{\alpha}_3,\boldsymbol{\alpha}_4$ 的秩为 2，最大无关组为 $\boldsymbol{\alpha}_1,\boldsymbol{\alpha}_2$.

**例 6**　已知向量组：

$$\boldsymbol{\alpha}_1=\begin{pmatrix}2\\1\\4\\3\end{pmatrix},\boldsymbol{\alpha}_2=\begin{pmatrix}-1\\1\\-6\\6\end{pmatrix},\boldsymbol{\alpha}_3=\begin{pmatrix}-1\\-2\\2\\-9\end{pmatrix},\boldsymbol{\alpha}_4=\begin{pmatrix}1\\1\\-2\\7\end{pmatrix},\boldsymbol{\alpha}_5=\begin{pmatrix}2\\4\\4\\9\end{pmatrix}.$$

求：（1）向量组的秩及其中一个最大无关组；

（2）将剩余向量由最大无关组线性表示.

**解**　将列向量组按列排成矩阵 $\boldsymbol{A}$，并对 $\boldsymbol{A}$ 施行初等行变换化为行阶梯形矩阵

$$\boldsymbol{A}=\begin{bmatrix}2&-1&-1&1&2\\1&1&-2&1&4\\4&-6&2&-2&4\\3&6&-9&7&9\end{bmatrix}\overset{r}{\sim}\begin{bmatrix}1&1&-2&1&4\\0&1&-1&1&0\\0&0&0&1&-3\\0&0&0&0&0\end{bmatrix}.$$

（1）$R(\boldsymbol{A})=3$，即向量组的秩为 3，而 3 个非零首元在 1，2，4 三列，故 $\boldsymbol{\alpha}_1,\boldsymbol{\alpha}_2,\boldsymbol{\alpha}_4$ 为向量组的一个最大无关组.

（2）为使$\boldsymbol{\alpha}_3,\boldsymbol{\alpha}_5$用$\boldsymbol{\alpha}_1,\boldsymbol{\alpha}_2,\boldsymbol{\alpha}_4$线性表示，把$\boldsymbol{A}$再变成行最简形矩阵

$$\boldsymbol{A}=\begin{bmatrix}2 & -1 & -1 & 1 & 2\\ 1 & 1 & -2 & 1 & 4\\ 4 & -6 & 2 & -2 & 4\\ 3 & 6 & -9 & 7 & 9\end{bmatrix}\overset{r}{\sim}\begin{bmatrix}1 & 1 & -2 & 1 & 4\\ 0 & 1 & -1 & 1 & 0\\ 0 & 0 & 0 & 1 & -3\\ 0 & 0 & 0 & 0 & 0\end{bmatrix}\overset{r}{\sim}\begin{bmatrix}1 & 0 & -1 & 0 & 4\\ 0 & 1 & -1 & 0 & 3\\ 0 & 0 & 0 & 1 & -3\\ 0 & 0 & 0 & 0 & 0\end{bmatrix}.$$

把上列行最简形矩阵记作$\boldsymbol{B}=(\boldsymbol{b}_1\quad\boldsymbol{b}_2\quad\boldsymbol{b}_3\quad\boldsymbol{b}_4\quad\boldsymbol{b}_5)$，由于方程$\boldsymbol{A}x=\boldsymbol{0}$与$\boldsymbol{B}x=\boldsymbol{0}$同解，即方程

$$x_1\boldsymbol{\alpha}_1+x_2\boldsymbol{\alpha}_2+x_3\boldsymbol{\alpha}_3+x_4\boldsymbol{\alpha}_4+x_5\boldsymbol{\alpha}_5=\boldsymbol{0}$$

与

$$x_1\boldsymbol{b}_1+x_2\boldsymbol{b}_2+x_3\boldsymbol{b}_3+x_4\boldsymbol{b}_4+x_5\boldsymbol{b}_5=\boldsymbol{0}$$

同解，因此向量$\boldsymbol{\alpha}_1,\boldsymbol{\alpha}_2,\boldsymbol{\alpha}_3,\boldsymbol{\alpha}_4,\boldsymbol{\alpha}_5$之间的线性关系与向量$\boldsymbol{b}_1,\boldsymbol{b}_2,\boldsymbol{b}_3,\boldsymbol{b}_4,\boldsymbol{b}_5$之间的线性关系是相同的.现在

$$\boldsymbol{b}_3=\begin{pmatrix}-1\\-1\\0\\0\end{pmatrix}=(-1)\begin{pmatrix}1\\0\\0\\0\end{pmatrix}+(-1)\begin{pmatrix}0\\1\\0\\0\end{pmatrix}=-\boldsymbol{b}_1-\boldsymbol{b}_2,$$

$$\boldsymbol{b}_5=4\boldsymbol{b}_1+3\boldsymbol{b}_2-3\boldsymbol{b}_4,$$

因此

$$\boldsymbol{\alpha}_3=-\boldsymbol{\alpha}_1-\boldsymbol{\alpha}_2,\boldsymbol{\alpha}_5=4\boldsymbol{\alpha}_1+3\boldsymbol{\alpha}_2-3\boldsymbol{\alpha}_4.$$

# 3.3 线性方程组解的结构与求解

## 3.3.1 齐次线性方程组解的结构与求解

有了齐次线性方程组解的判定，具体求解齐次线性方程组的通解就是我们接下来要讨论的问题：

设齐次线性方程组$\boldsymbol{AX}=\boldsymbol{0}$的系数矩阵的秩$R(\boldsymbol{A})=r<n$. 一般地，假设齐次线性方程组的系数矩阵$\boldsymbol{A}$经初等行变换（如有必要，可重新安排方程组中未知量的次序）化成如下的行最简型矩阵

$$
A \overset{r}{\sim} \begin{bmatrix} 1 & 0 & \cdots & 0 & b_{11} & \cdots & b_{1,n-r} \\ 0 & 1 & \cdots & 0 & b_{21} & \cdots & b_{2,n-r} \\ \vdots & \vdots & & \vdots & \vdots & & \vdots \\ 0 & 0 & \cdots & 0 & b_{r1} & \cdots & b_{r,n-r} \\ 0 & 0 & \cdots & 0 & 0 & \cdots & 0 \\ \vdots & \vdots & & \vdots & \vdots & & \vdots \\ 0 & 0 & \cdots & 0 & 0 & \cdots & 0 \end{bmatrix}, \tag{3}
$$

则得到与 $\boldsymbol{AX}=\boldsymbol{0}$ 同解的线性方程组为

$$
\begin{cases} x_1 = -b_{11}x_{r+1} - \cdots - b_{1,n-r}x_n \\ x_2 = -b_{21}x_{r+1} - \cdots - b_{2,n-r}x_n \\ \cdots\cdots\cdots\cdots \\ x_r = -b_{r1}x_{r+1} - \cdots - b_{r,n-r}x_n \end{cases}. \tag{4}
$$

显然，方程组（3）与方程组（4）为同解方程组.

在以上方程组中，取定 $x_{r+1}, x_{r+2}, \cdots, x_n$ 的一组值，就唯一确定了 $x_1, x_2, \cdots, x_r$，从而得到了齐次线性方程组 $\boldsymbol{AX}=\boldsymbol{0}$ 的一个解. 这里 $x_{r+1}, x_{r+2}, \cdots, x_n$ 为自由未知量，共有 $n-r$ 个. 下面依次取

$$
\begin{pmatrix} x_{r+1} \\ x_{r+2} \\ \vdots \\ x_n \end{pmatrix} = \begin{pmatrix} c_1 \\ 0 \\ \vdots \\ 0 \end{pmatrix}, \begin{pmatrix} 0 \\ c_2 \\ \vdots \\ 0 \end{pmatrix}, \cdots, \begin{pmatrix} 0 \\ 0 \\ \vdots \\ c_{n-r} \end{pmatrix},
$$

相应得到方程组 $\boldsymbol{AX}=\boldsymbol{0}$ 的通解：

$$
\begin{pmatrix} x_1 \\ \vdots \\ x_r \\ x_{r+1} \\ x_{r+2} \\ \vdots \\ x_n \end{pmatrix} = c_1 \begin{pmatrix} -b_{11} \\ \vdots \\ -b_{r1} \\ 1 \\ 0 \\ \vdots \\ 0 \end{pmatrix} + c_2 \begin{pmatrix} -b_{12} \\ \vdots \\ -b_{r2} \\ 0 \\ 1 \\ \vdots \\ 0 \end{pmatrix} + \cdots + c_{n-r} \begin{pmatrix} -b_{1,n-r} \\ \vdots \\ -b_{r,n-r} \\ 0 \\ 0 \\ \vdots \\ 1 \end{pmatrix}.
$$

若记

$$
\boldsymbol{\xi}_1 = \begin{pmatrix} -b_{11} \\ \vdots \\ -b_{r1} \\ 1 \\ 0 \\ \vdots \\ 0 \end{pmatrix}, \quad \boldsymbol{\xi}_2 = \begin{pmatrix} -b_{12} \\ \vdots \\ -b_{r2} \\ 0 \\ 1 \\ \vdots \\ 0 \end{pmatrix}, \quad \cdots, \quad \boldsymbol{\xi}_{n-r} = \begin{pmatrix} -b_{1,n-r} \\ \vdots \\ -b_{r,n-r} \\ 0 \\ 0 \\ \vdots \\ 1 \end{pmatrix}, \quad \boldsymbol{x} = \begin{pmatrix} x_1 \\ \vdots \\ x_r \\ x_{r+1} \\ x_{r+2} \\ \vdots \\ x_n \end{pmatrix},
$$

则线性方程组 $\boldsymbol{AX}=\boldsymbol{0}$ 的通解可表示为

$$\boldsymbol{x}=c_1\boldsymbol{\xi}_1+c_2\boldsymbol{\xi}_2+\cdots+c_{n-r}\boldsymbol{\xi}_{n-r}(c_1,c_2,\cdots,c_{n-r}\text{为任意常数}).$$

由上式可以看出，齐次线性方程组 $\boldsymbol{AX}=\boldsymbol{0}$ 的任一解向量 $\boldsymbol{x}\in\boldsymbol{s}$ 都可表示成 $\xi_1,\xi_2,\cdots,\xi_{n-r}$ 的线性组合. 由上面的讨论可知，要求齐次线性方程组的通解，只需求出它的基础解系.

当自由未知量的个数为 $r$ 时，$\boldsymbol{AX}=\boldsymbol{0}$ 必有含 $n-r$ 个向量的基础解系.

**例 1** 求齐次线性方程组 $\begin{cases}x_1+x_2+2x_3-x_4=0\\2x_1+x_2+x_3-x_4=0\\2x_1+2x_2+x_3+2x_4=0\end{cases}$ 的一个基础解系，并表示出通解.

**解** 将其系数矩阵施行初等行变换：

$$\boldsymbol{A}=\begin{bmatrix}1&1&2&-1\\2&1&1&-1\\2&2&1&2\end{bmatrix}\overset{\substack{r_2-2r_1\\r_3-2r_1}}{\sim}\begin{bmatrix}1&1&2&-1\\0&-1&-3&1\\0&0&-3&4\end{bmatrix}\overset{\substack{r_1+r_2\\r_2\div(-1)\\r_3\div(-3)}}{\sim}\begin{bmatrix}1&0&-1&0\\0&1&3&-1\\0&0&1&-\frac{4}{3}\end{bmatrix}\overset{\substack{r_1+r_3\\r_2-3r_1}}{\sim}\begin{bmatrix}1&0&0&-\frac{4}{3}\\0&1&0&3\\0&0&1&-\frac{4}{3}\end{bmatrix}.$$

**注意：** $R(\boldsymbol{A})=r=3$，未知量的个数 $n=4$，因此自由未知量个数 $n-r=1$，也就是该方程组的基础解系中解向量个数为 $n-r=1$ 个.

其对应的同解线性方程组为

$$\begin{cases}x_1-\frac{4}{3}x_4=0\\x_2+3x_4=0\\x_3-\frac{4}{3}x_4=0\end{cases}，\text{即}\begin{cases}x_1=\frac{4}{3}x_4\\x_2=-3x_4\\x_3=\frac{4}{3}x_4\end{cases}.$$

令 $x_4=c_1$，得齐次线性方程组的通解为

$$\begin{pmatrix}x_1\\x_2\\x_3\\x_4\end{pmatrix}=c\begin{pmatrix}\frac{4}{3}\\-3\\\frac{4}{3}\\1\end{pmatrix}\ (c\text{ 为任意实数}).$$

其中，$\xi_1=\begin{pmatrix}\frac{4}{3}\\-3\\\frac{4}{3}\\1\end{pmatrix}$为线性方程组的基础解系.

在这个例子中，也可取其他变量为自由未知量. 但不管如何选取，自由未知量的个数总是确定的，自由未知量的个数等于未知量的个数 $n$ 减去系数矩阵 $\boldsymbol{A}$ 的秩 $r$. 我们规定：自由

未知量总是尽可能从后往前取，如本例中取 $x_4$ 为自由未知量.

由例 1 可得，求解齐次线性方程组的步骤为：

（1）将其系数矩阵 $\boldsymbol{A}$ 进行初等行变换化为阶梯型矩阵，判断 $R(\boldsymbol{A})$ 与未知量个数 $n$ 的关系：若 $R(\boldsymbol{A})=n$，则该方程组只有零解，求解完毕；若 $R(\boldsymbol{A})<n$，则该方程组有非零解.

（2）若方程组有非零解，继续进行初等行变换将行阶梯型矩阵化为行最简型矩阵，找到最简型矩阵对应的同解线性方程组，确定出自由未知量，赋予自由未知量值，进而求出该方程组的通解.

不难验证，齐次线性方程组 $\boldsymbol{AX}=\boldsymbol{0}$ 的解具有如下性质：

**性质 1**　若 $\boldsymbol{\xi}_1,\boldsymbol{\xi}_2$ 均为 $\boldsymbol{AX}=\boldsymbol{0}$ 的解向量，则 $\boldsymbol{\xi}_1+\boldsymbol{\xi}_2$ 也是 $\boldsymbol{AX}=\boldsymbol{0}$ 的解向量.

这是因为 $\boldsymbol{A}(\boldsymbol{\xi}_1+\boldsymbol{\xi}_2)=\boldsymbol{A}\boldsymbol{\xi}_1+\boldsymbol{A}\boldsymbol{\xi}_2=\boldsymbol{0}$.

**性质 2**　若 $\boldsymbol{\xi}$ 为 $\boldsymbol{AX}=\boldsymbol{0}$ 的解向量，$k$ 为任意常数，则 $k\boldsymbol{\xi}$ 也是 $\boldsymbol{AX}=\boldsymbol{0}$ 的解向量.

这是因为 $\boldsymbol{A}(k\boldsymbol{\xi})=k(\boldsymbol{A}\boldsymbol{\xi})=k\cdot\boldsymbol{0}=\boldsymbol{0}$.

由此可知，若 $\boldsymbol{\xi}_1,\boldsymbol{\xi}_2$ 均为 $\boldsymbol{AX}=\boldsymbol{0}$ 的解向量，$k_1,k_2$ 为任意常数，则 $k_1\boldsymbol{\xi}_1+k_2\boldsymbol{\xi}_2$ 仍为 $\boldsymbol{AX}=\boldsymbol{0}$ 的解向量，即 $\boldsymbol{AX}=\boldsymbol{0}$ 解向量的线性组合仍为其解向量.

### 3.3.2　非齐次线性方程组解的结构与求解

对于 $n$ 元非齐次线性方程组 $\boldsymbol{AX}=\boldsymbol{b}$，$\boldsymbol{A}$ 为其系数矩阵，$\boldsymbol{b}\neq\boldsymbol{0}$，并称 $\boldsymbol{AX}=\boldsymbol{0}$ 为其所对应的齐次线性方程组.

**性质 3**　若 $\boldsymbol{\eta}_1,\boldsymbol{\eta}_2$ 是 $\boldsymbol{AX}=\boldsymbol{b}$ 的解，则 $\boldsymbol{\eta}_1-\boldsymbol{\eta}_2$ 是它所对应的齐次线性方程组 $\boldsymbol{AX}=\boldsymbol{0}$ 的解.

**性质 4**　若 $\boldsymbol{\eta}$ 是 $\boldsymbol{AX}=\boldsymbol{b}$ 的解，$\boldsymbol{\xi}$ 是它所对应的齐次线性方程组的解，则 $\boldsymbol{\eta}+\boldsymbol{\xi}$ 是 $\boldsymbol{AX}=\boldsymbol{b}$ 的解.

由上面的两条性质，得到非齐次线性方程组解的结构.

**定理 3.4**　$n$ 元非齐次线性方程组 $\boldsymbol{AX}=\boldsymbol{b}$ 的通解可表示为它的一个特解与其所对应的齐次线性方程组的通解之和.

**证**　设 $R(\boldsymbol{A})=r$，$\boldsymbol{\eta}^*$ 是 $\boldsymbol{AX}=\boldsymbol{b}$ 的一个解（即为特解），$\boldsymbol{\eta}$ 是 $\boldsymbol{AX}=\boldsymbol{b}$ 的任意一个解. 由性质 3.1 知，$\boldsymbol{\eta}-\boldsymbol{\eta}^*=\boldsymbol{\xi}$ 必为它所对应的齐次线性方程组 $\boldsymbol{AX}=\boldsymbol{0}$ 的解，从而由齐次线性方程组解的结构知 $\boldsymbol{\eta}-\boldsymbol{\eta}^*=k_1\boldsymbol{\xi}_1+k_2\boldsymbol{\xi}_2+\cdots+k_{n-r}\boldsymbol{\xi}_{n-r}$，这里 $\boldsymbol{\xi}_1,\boldsymbol{\xi}_2,\cdots,\boldsymbol{\xi}_{n-r}$ 为 $\boldsymbol{AX}=\boldsymbol{0}$ 的基础解系，即 $\boldsymbol{\eta}=\boldsymbol{\eta}^*+\boldsymbol{\xi}$，这表明 $\boldsymbol{AX}=\boldsymbol{b}$ 的任意一个解总可表示为它的一个特解与它所对应的齐次线性方程组的通解之和.

证毕.

**例 2**　设四元非齐次线性方程组的系数矩阵的秩为 3，已知 $\boldsymbol{\eta}_1,\boldsymbol{\eta}_2,\boldsymbol{\eta}_3$ 是它的 3 个解向量，且 $\boldsymbol{\eta}_1=\begin{pmatrix}2\\3\\4\\5\end{pmatrix},\boldsymbol{\eta}_2-\boldsymbol{\eta}_3=\begin{pmatrix}1\\2\\3\\4\end{pmatrix}$，求该方程组的通解.

**分析** 要找到非齐次线性方程组的通解，只需找到它的一个特解与它所对应的齐次线性方程组的基础解系.

**解** 设该方程组为 $\boldsymbol{AX}=\boldsymbol{b}$，$\boldsymbol{\eta}_1=\begin{pmatrix}2\\3\\4\\5\end{pmatrix}$可作为该方程组的特解.

该方程组所对应的齐次线性方程组的基础解系中含有 $n-r=1$ 个解向量，因此只需找到一个非零向量 $\boldsymbol{\xi}$，使得 $\boldsymbol{AX}=\boldsymbol{0}$.

因为 $\boldsymbol{A\eta}_2=\boldsymbol{b}$，$\boldsymbol{A\eta}_3=\boldsymbol{b}$，所以 $\boldsymbol{A}(\boldsymbol{\eta}_2-\boldsymbol{\eta}_3)=\boldsymbol{0}$. 记 $\boldsymbol{\xi}=\boldsymbol{\eta}_2-\boldsymbol{\eta}_3=\begin{pmatrix}1\\2\\3\\4\end{pmatrix}$，显然 $\boldsymbol{\xi}$ 非零，即可作为该方程组所对应的齐次线性方程组的基础解系.

所以，该方程组的通解可表示为

$$\begin{pmatrix}x_1\\x_2\\x_3\\x_4\end{pmatrix}=c\begin{pmatrix}1\\2\\3\\4\end{pmatrix}+\begin{pmatrix}2\\3\\4\\5\end{pmatrix}\ \text{（}c\text{ 为任意常数）}.$$

**例 3** 解非齐次线性方程组 $\begin{cases}2x_1+x_2-x_3+2x_4-3x_5=2\\4x_1+2x_2-x_3+x_4+2x_5=1\\8x_1+4x_2-3x_3+5x_4-4x_5=5\end{cases}$.

**解** 将其增广矩阵施行初等行变换：

$$\overline{\boldsymbol{A}}=\begin{bmatrix}2&1&-1&2&-3&2\\4&2&-1&1&2&1\\8&4&-3&5&-4&5\end{bmatrix}\overset{\substack{r_2-2r_1\\r_3-4r_1}}{\sim}\begin{bmatrix}2&1&-1&2&-3&2\\0&0&1&-3&8&-3\\0&0&1&-3&8&-3\end{bmatrix}$$

$$\overset{r_3-r_2}{\sim}\begin{bmatrix}2&1&-1&2&-3&2\\0&0&1&-3&8&-3\\0&0&0&0&0&0\end{bmatrix}\overset{r_1+r_2}{\sim}\begin{bmatrix}2&1&0&-1&5&-1\\0&0&1&-3&8&-3\\0&0&0&0&0&0\end{bmatrix}$$

$$\overset{r_1\div 2}{\sim}\begin{bmatrix}1&\frac{1}{2}&0&-\frac{1}{2}&\frac{5}{2}&-\frac{1}{2}\\0&0&1&-3&8&-3\\0&0&0&0&0&0\end{bmatrix},$$

可见 $R(\boldsymbol{A})=R(\overline{\boldsymbol{A}})=r=2<n=5$，原方程组有无穷多个解.

它所对应的同解线性方程组为

$$\begin{cases} x_1 = -\dfrac{1}{2}x_2 + \dfrac{1}{2}x_4 - \dfrac{5}{2}x_5 - \dfrac{1}{2}, \\ x_3 = 3x_4 - 8x_5 - 3 \end{cases}$$

令 $x_2 = x_4 = x_5 = 0$，可得方程组的特解为

$$\boldsymbol{\eta}^* = \begin{pmatrix} -\dfrac{1}{2} \\ 0 \\ -3 \\ 0 \\ 0 \end{pmatrix}.$$

该非齐次线性方程组所对应的齐次线性方程组为

$$\begin{cases} x_1 = -\dfrac{1}{2}x_2 + \dfrac{1}{2}x_4 - \dfrac{5}{2}x_5, \\ x_3 = 3x_4 - 8x_5 \end{cases}$$

可见自由未知量的个数为 $n-r=3$，可选 $x_2, x_4, x_5$ 为自由未知量. 令 $x_2 = c_1, x_4 = c_2, x_5 = c_3$，得到齐次线性方程组的通解为

$$\boldsymbol{\eta} = c_1\begin{pmatrix} -\dfrac{1}{2} \\ 1 \\ 0 \\ 0 \\ 0 \end{pmatrix} + c_2\begin{pmatrix} \dfrac{1}{2} \\ 0 \\ 3 \\ 1 \\ 0 \end{pmatrix} + c_3\begin{pmatrix} -\dfrac{5}{2} \\ 0 \\ -8 \\ 0 \\ 1 \end{pmatrix}.$$

因此该方程组的通解为

$$\begin{pmatrix} x_1 \\ x_2 \\ x_3 \\ x_4 \\ x_5 \end{pmatrix} = \begin{pmatrix} -\dfrac{1}{2} \\ 0 \\ -3 \\ 0 \\ 0 \end{pmatrix} + c_1\begin{pmatrix} -\dfrac{1}{2} \\ 1 \\ 0 \\ 0 \\ 0 \end{pmatrix} + c_2\begin{pmatrix} \dfrac{1}{2} \\ 0 \\ 3 \\ 1 \\ 0 \end{pmatrix} + c_3\begin{pmatrix} -\dfrac{5}{2} \\ 0 \\ -8 \\ 0 \\ 1 \end{pmatrix} \quad (c_1, c_2, c_3 \text{为任意常数}).$$

本例中，实际上将最后的行最简型矩阵写成它的同解线性方程组，找到自由未知量 $x_2, x_4, x_5$，令 $x_2 = c_1, x_4 = c_2, x_5 = c_3$，直接可得到方程组的通解，结果和上面是完全一样的. 只是没有解的结构的讨论，我们并不知道 $\boldsymbol{\eta}^*$ 为这个非齐次线性方程组的特解，也不知道 $\boldsymbol{\eta}$ 为它所对应的齐次线性方程组的解. 在以后求解非齐次方程组的通解时，可直接由行最简型矩阵对应的同解方程组写出通解即可.

**例 4** 解非齐次线性方程组$\begin{cases} x_1+x_2-3x_3-x_4=1 \\ 3x_1-x_2-3x_3+4x_4=4 \\ x_1+5x_2-9x_3-8x_4=0 \end{cases}$.

**解** 对方程组的增广矩阵$\overline{\boldsymbol{A}}$施行初等行变换：

$$\overline{\boldsymbol{A}}=(\boldsymbol{A},\boldsymbol{b})=\begin{bmatrix} 1 & 1 & -3 & -1 & 1 \\ 3 & -1 & -3 & 4 & 4 \\ 1 & 5 & -9 & -8 & 0 \end{bmatrix} \overset{\substack{r_2-3r_1 \\ r_3-r_1}}{\sim} \begin{bmatrix} 1 & 1 & -3 & -1 & 1 \\ 0 & -4 & 6 & 7 & 1 \\ 0 & 4 & -6 & -7 & -1 \end{bmatrix}$$

$$\overset{r_3+r_2}{\sim} \begin{bmatrix} 1 & 1 & -3 & -1 & 1 \\ 0 & -4 & 6 & 7 & 1 \\ 0 & 0 & 0 & 0 & 0 \end{bmatrix} \overset{r_2\div(-4)}{\sim} \begin{bmatrix} 1 & 1 & -3 & -1 & 1 \\ 0 & 1 & -\frac{3}{2} & -\frac{7}{4} & -\frac{1}{4} \\ 0 & 0 & 0 & 0 & 0 \end{bmatrix}$$

$$\overset{r_1-r_2}{\sim} \begin{bmatrix} 1 & 0 & -\frac{3}{2} & \frac{3}{4} & \frac{5}{4} \\ 0 & 1 & -\frac{3}{2} & -\frac{7}{4} & -\frac{1}{4} \\ 0 & 0 & 0 & 0 & 0 \end{bmatrix},$$

可见$R(\boldsymbol{A})=R(\overline{\boldsymbol{A}})=2<4$，因此方程组有无穷解.

原方程组所对应的同解线性方程组为

$$\begin{cases} x_1=\frac{3}{2}x_3-\frac{3}{4}x_4+\frac{5}{4} \\ x_2=\frac{3}{2}x_3+\frac{7}{4}x_4-\frac{1}{4} \end{cases}.$$

令$x_3=c_1, x_4=c_2$，得

$$\begin{pmatrix} x_1 \\ x_2 \\ x_3 \\ x_4 \end{pmatrix}=c_1\begin{pmatrix} \frac{3}{2} \\ \frac{3}{2} \\ 1 \\ 0 \end{pmatrix}+c_2\begin{pmatrix} -\frac{3}{4} \\ \frac{7}{4} \\ 0 \\ 1 \end{pmatrix}+\begin{pmatrix} \frac{5}{4} \\ -\frac{1}{4} \\ 0 \\ 0 \end{pmatrix} \text{（}c_1,c_2\text{为任意常数）}.$$

当$c_1,c_2$取遍所有实数时，可得到线性方程组的全部解. 因此上式称为方程组的通解.任意给定$c_1,c_2$的值，便可确定方程组的一组解. 例如$c_1=0,c_2=0$，得$x_1=\frac{5}{4}, x_2=-\frac{1}{4}, x_3=0, x_4=0$为方程组的一组解，这样的解称为方程组的特解.

# 3.4　线性方程组的应用

**[引例]**　设空间上的三个平面

$$\begin{cases} S_1 : A_1x + B_1y + C_1z + D_1 = 0 \\ S_2 : A_2x + B_2y + C_2z + D_2 = 0 \\ S_3 : A_3x + B_3y + C_3z + D_3 = 0 \end{cases}.$$

试判断这三个平面的位置关系.

基于平面解析几何的学习，我们已经知道空间中三个平面的位置关系可以由三个平面的交点情况来确定，而每一个平面其实对应了一个线性方程，因此，求解三个平面的交点可转化为讨论线性方程组

$$\begin{cases} A_1x + B_1y + C_1z = -D_1 \\ A_2x + B_2y + C_2z = -D_2 \\ A_3x + B_3y + C_3z = -D_3 \end{cases}$$

解的情况.

记

$$\boldsymbol{A} = \begin{bmatrix} A_1 & B_1 & C_1 \\ A_2 & B_2 & C_2 \\ A_3 & B_3 & C_3 \end{bmatrix}, \quad \overline{\boldsymbol{A}} = \begin{bmatrix} A_1 & B_1 & C_1 & -D_1 \\ A_2 & B_2 & C_2 & -D_2 \\ A_3 & B_3 & C_3 & -D_3 \end{bmatrix}.$$

由本章前三节内容，有如下结论成立：

（1）若这三个平面相交于一点，则三个平面有且只有一个交点，即线性方程组有唯一解，则有 $R(\boldsymbol{A}) = R(\overline{\boldsymbol{A}}) = 3$.

（2）若这三个平面相交于一条直线，则三个平面有无穷多个交点，即线性方程组有无穷多个解，则 $R(\boldsymbol{A}) = R(\overline{\boldsymbol{A}}) = 2$.

**思考：**为什么此时秩不能等于 1?

（3）若这三个平面平行，则三个平面无交点，即线性方程组无解，$R(\boldsymbol{A}) \neq R(\overline{\boldsymbol{A}})$.

**思考：**此时 $R(\boldsymbol{A}), R(\overline{\boldsymbol{A}})$ 分别等于多少?

（4）若这三个平面重合，则三个平面有无数多个交点，即线性方程组有无穷多个解，则 $R(\boldsymbol{A}) = R(\overline{\boldsymbol{A}}) = 1$.

通过上面的引例，我们可以看出线性方程组可用于空间解析几何中，实际上线性方程组在现实生活中的应用非常广泛，不仅广泛地应用于工程学、计算机科学、物理学、数学、经济学、统计学、力学、信号与信号处理、通信、航空等学科和领域，同时也可应用于各专业的后继课程，如电路、理论力学、计算机图形学、信号与系统、数字信号处理、系统动力学、自动控制原理等课程.

为了更好地运用这种理论，必须在解题过程中有意识地联系各种理论的使用条件，并结

合相应的实际问题，通过适当变换过程，学会选择最有效的方法来进行解题，通过熟练地应用理论知识来解决数学问题. 本节主要介绍和讲解线性方程组的几种常见应用.

### 3.4.1 线性方程组在初等数学中的应用

**例 1** 已知 $\log_{10}13=a$，$\log_{22}5=b$，$\log_{55}2=c$，$\log_{13}11=d$. 求证：$bc+ad(b+c)>\frac{3}{4}$.

**证明** 由已知 $\log_{10}13=a$，应用换底公式，得 $a\ln2+a\ln5-\ln13=0$. 同理，将其他三个式子展开，得到线性方程组

$$\begin{cases} a\ln2+a\ln5-\ln13=0 \\ b\ln2-\ln5+b\ln11=0 \\ -\ln2+c\ln5+c\ln11=0 \\ \ln11-d\ln13=0 \end{cases}.$$

容易看出，$(\ln2,\ln5,\ln11,\ln13)$ 即关于 $(x,y,z,w)$ 的齐次线性方程组

$$\begin{cases} ax+ay-w=0 \\ bx-y+bz=0 \\ -x+cy+cz=0 \\ z-dw=0 \end{cases}$$

的一个非零解. 故有

$$\begin{vmatrix} a & a & 0 & -1 \\ b & -1 & b & 0 \\ -1 & c & c & 0 \\ 0 & 0 & 1 & -d \end{vmatrix}=0,$$

化简得
$$bc+ad(b+c)=1-2abcd.$$
又因为

$$\begin{aligned} 2abcd &= 2\log_{10}13\cdot\log_{22}5\cdot\log_{55}2\cdot\log_{13}11 \\ &= \frac{2\ln13}{\ln2+\ln5}\cdot\frac{\ln5}{\ln2+\ln11}\cdot\frac{\ln2}{\ln5+\ln11}\cdot\frac{\ln11}{\ln13} \\ &< \frac{2\ln2\cdot\ln5\cdot\ln11}{2^3\sqrt{\ln2\cdot\ln5}\sqrt{\ln2\cdot\ln11}\sqrt{\ln5\cdot\ln11}}=\frac{1}{4}, \end{aligned}$$

故
$$1-2abcd>\frac{3}{4},$$
即
$$bc+ad(b+c)>\frac{3}{4}.$$

**例 2** 在 $\triangle ABC$ 中，已知

$$a=c\sin B+b\sin C,\quad b=a\sin C+c\sin A,\quad c=a\sin B+b\sin A.$$

求证：$c^2=a^2+b^2-2ab\sin C$.

**证明**　（1）根据已知条件可构造线性方程组：

$$\begin{cases} 0\cdot\sin A+c\cdot\sin B+(b\cdot\sin C-a)=0 \\ c\cdot\sin A+0\cdot\sin B+(a\cdot\sin C-b)=0 \\ b\cdot\sin A+a\cdot\sin B+(0\cdot\sin C-c)=0 \end{cases}.$$

观察知，$(\sin A,\sin B,1)$ 是关于 $(x,y,z)$ 的齐次线性方程组

$$\begin{cases} 0\cdot x+c\cdot y+(b\cdot\sin C-a)\cdot z=0 \\ c\cdot x+0\cdot y+(a\cdot\sin C-b)\cdot z=0 \\ b\cdot x+a\cdot y+(0\cdot\sin C-c)\cdot z=0 \end{cases}$$

的一组解，显然它是一非零解，故有

$$\begin{vmatrix} 0 & c & (b\cdot\sin C-a) \\ c & 0 & (a\cdot\sin C-b) \\ b & a & (0\cdot\sin C-c) \end{vmatrix}=0,$$

展开化简即得

$$c^2=a^2+b^2-2ab\sin C.$$

## 3.4.2　线性方程组在经济平衡中的应用

**例 3**　假设一个经济系统由五金化工、能源（如燃料、电力等）、机械三个行业组成，每个行业的产出在各个行业中的分配见表 3.1. 每一列中的元素表示其占该行业总产出的比例. 以第二列为例，能源行业的总产出的分配如下：80%分配到五金化工行业，10%分配到机械行业，余下的供本行业使用.考虑到所有的产出，每一列的小数加起来必须等于 1. 把五金化工、能源、机械行业每年总产出的价格（即货币价值）分别用 $p_1,p_2,p_3$ 表示. 试求出使得每个行业的投入与产出都相等的平衡价格.

表 3.1

| 产出分配 | | | 购买者 |
|---|---|---|---|
| 五金化工 | 能源 | 机械 | |
| 0.2 | 0.8 | 0.4 | 五金化工 |
| 0.3 | 0.1 | 0.4 | 能源 |
| 0.5 | 0.1 | 0.2 | 机械 |

**解**　从表 3.1 可以看出，沿列表示每个行业的产出分配到何处，沿行表示每个行业所需的投入. 例如，第一行说明五金化工行业购买了 80%的能源产出、40%的机械产出以及 20%的本行业产出，由于三个行业的总产出价格分别是 $p_1,p_2,p_3$，因此五金化工行业必须分别向三个行业支付 $0.2p_1,0.8p_2,0.4p_3$ 元. 五金化工行业的总支出即为 $0.2p_1+0.8p_2+0.4p_3$. 为了使五金化工行业的收入 $p_1$ 等于它的支出，因此希望

$$p_1 = 0.2p_1 + 0.8p_2 + 0.4p_3 .$$

采用类似的方法处理表 3.1 中第二、三行，同上式一起构成齐次线性方程组

$$\begin{cases} p_1 = 0.2p_1 + 0.8p_2 + 0.4p_3 \\ p_2 = 0.3p_1 + 0.1p_2 + 0.4p_3 \\ p_3 = 0.5p_1 + 0.1p_2 + 0.2p_3 \end{cases},$$

该方程组的通解为

$$\begin{bmatrix} p_1 \\ p_2 \\ p_3 \end{bmatrix} = \begin{bmatrix} 1.417 \\ 0.917 \\ 1.000 \end{bmatrix}.$$

此即经济系统的平衡价格向量，每个 $p_3$ 的非负取值便确定一个平衡价格的取值. 例如，我们取 $p_3$ 为 1.000 亿元，则 $p_1 = 1.417$ 亿元，$p_2 = 0.917$ 亿元. 也就是如果五金化工行业的产出价格为 1.417 亿元，则能源行业的产出价格为 0.917 亿元，机械行业的产出价格为 1.000 亿元，那么此时每个行业的收入和支出相等.

### 3.4.3 线性方程组在网络流模型中的应用

网络流模型被广泛应用于交通、运输、通信、电力分配、城市规划、任务分派以及计算机辅助设计等众多领域. 当科学家、工程师和经济学家研究某种网络中的流量问题时，线性方程组就自然产生了，例如城市规划设计人员和交通工程师监控城市道路网格内的交通流量，电气工程师计算电路中流经的电流，经济学家分析产品通过批发商和零售商网络从生产者到消费者的分配等. 大多数网络流模型中的方程组都包含了数百甚至上千未知量和线性方程.

一个网络由一个点集以及连接部分或全部点的直线或弧线构成. 网络中的点称作联结点（或节点），网络中的连接线称作分支. 每一分支中的流量方向已经指定，并且流量（或流速）已知或者已标为变量.

网络流的基本假设是网络中流入与流出的总量相等，并且每个联结点流入和流出的总量也相等. 例如，图 3.3（a）、（b）分别说明了流量从一个或两个分支流入联结点，$x_1, x_2$ 和 $x_3$ 分别表示从其他分支流出的流量，$x_4$ 和 $x_5$ 表示从其他分支流入的流量. 因为流量在每个联结点守恒，所以有 $x_1 + x_2 = 60$ 和 $x_4 + x_5 = x_3 + 80$. 在类似的网络模式中，每个联结点的流量都可以用一个线性方程来表示. 网络分析要解决的问题就是：在部分信息（如网络的输入量）已知的情况下，确定每一分支中的流量.

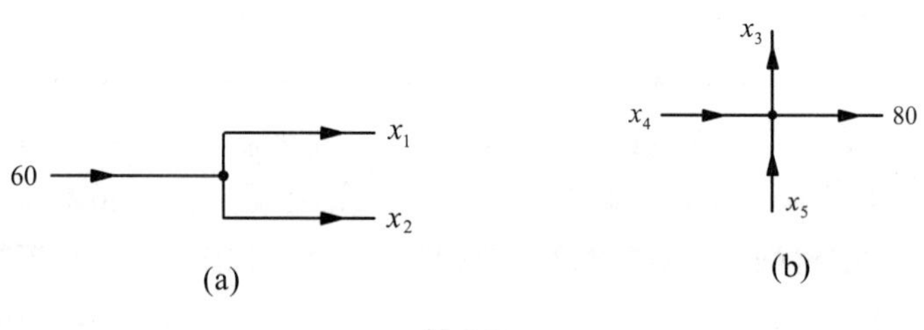


图 3.3

**例 4**　图 3.4 中的网络给出了在下午一两点钟，某市区部分单行道的交通流量（以每刻钟通过的汽车数量来度量）.试确定网络的流量模式.

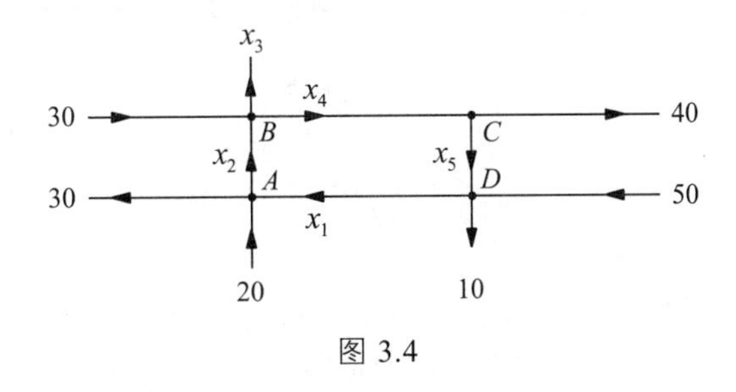


图 3.4

**解**　根据网络流模型的基本假设，在节点（交叉口）$A$，$B$，$C$，$D$ 处，我们可以分别得到下列方程：

$$\begin{cases} A: x_1+20=30+x_2 \\ B: x_2+30=x_3+x_4 \\ C: x_4=40+x_5 \\ D: x_5+50=10+x_1 \end{cases}.$$

此外，该网络的总流入等于网络的总流出，由此可建立方程

$$20+30+50=30+x_3+40+10,$$

求解得

$$x_3=20.$$

把这个方程与整理后的前四个方程联立，得如下方程组：

$$\begin{cases} x_1-x_2=10 \\ x_2-x_3-x_4=-30 \\ x_4-x_5=40 \\ x_1-x_5=40 \\ x_3=20 \end{cases}.$$

取 $x_5=c$（$c$ 为任意常数），则网络的流量模式表示为

$$x_1=40+c,\ x_2=30+c,\ x_3=20,\ x_4=40+c,\ x_5=c.$$

### 3.4.4　线性方程组在平衡结构的梁受力计算中的应用

桥梁、房顶、铁塔等建筑结构中涉及各种各样的梁，对这些梁进行受力分析是设计师、工程师经常做的事情. 下面以双杆系统的受力分析为例，说明如何研究梁上各铰接点处的受力情况.

**例 5** 在图 3.5 所示的双杆系统中，已知杆 1 重 $G_1$=200 N，长 $L_1$ = 2 m，与水平方向的夹角为$\theta_1 = \pi/6$；杆 2 重 $G_2$ = 100 N，长 $L_2 = \sqrt{2}$ m，与水平方向的夹角为$\theta_2 = \pi/4$. 三个铰接点 $A$，$B$，$C$ 所在平面垂直于水平面. 求杆 1、杆 2 在铰接点处所受到的力.

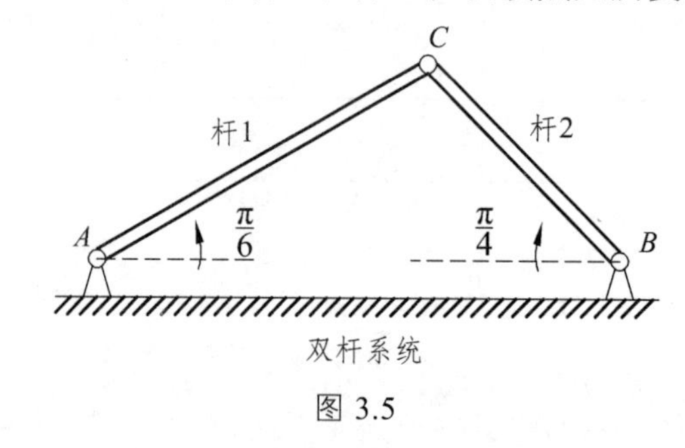


图 3.5

**解** 杆 1、杆 2 在铰接点处的受力情况如图 3.6 所示.

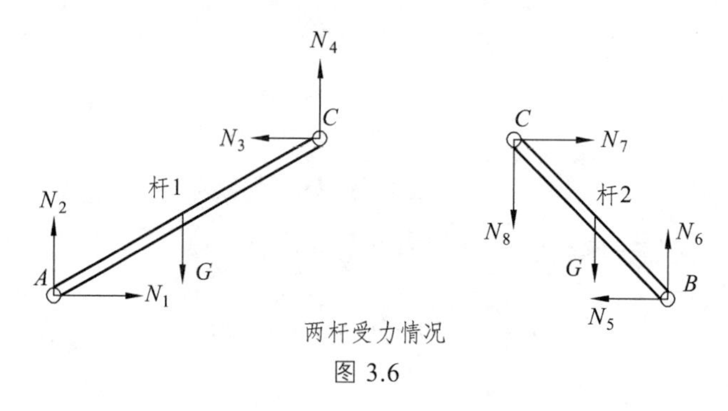


图 3.6

对于杆 1：

水平方向受到的合力为零，故 $N_1 - N_3 = 0$，

竖直方向受到的合力为零，故 $N_2 + N_4 = G$，

以点 $A$ 为支点的合力矩为零，故 $(L_1 \sin q_1)N_3 + (L_1 \cos q_1)N_4 = (L_1 \cos q_1)G_1$.

类似地，对于杆 2：

$$N_5 - N_7 = 0, \quad N_6 = N_8 + G_2, \quad (L_2 \sin q_2)N_7 = (L_2 \cos q_2)N_8 + (L_2 \cos q_2)G.$$

此外，还有 $N_3 = N_7, N_4 = N_8$. 于是，将上述 8 个等式联立起来得到关于 $N_1, N_2, \ldots, N_8$ 的线性方程组

$$\begin{cases} N_1 - N_3 = 0 \\ N_2 + N_4 = G_1 \\ \cdots\cdots\cdots\cdots \\ N_4 - N_8 = 0 \end{cases}.$$

将题目中的已知条件代入方程组，可以看出该方程组的求解计算量较大，如果人工计算不太现实，在实际工程中经常会遇到包含几百个乃至上千个方程或未知量的线性方程组. 对于这种大型的线性方程组的求解，往往只能通过软件进行计算. 我们将在下一节介绍利用 MATLAB 软件求解线性方程组的方法.

# 3.5　数学实验与数学模型举例

上一节的例 5 最终整理出来的是一个包含 8 个未知数、8 个方程的线性方程组. 该方程的求解如果直接人工计算, 会比较麻烦. 本节主要讲解用 MATLAB 求解线性方程组的几种常见类型.

## 3.5.1　数学实验

**实验目的:** 会用 MATLAB 软件求解线性方程组.

1. 求线性方程组 $\boldsymbol{AX}=\boldsymbol{b}$ 的一个解

表 3.2

| 目的 | 方法 | 格　式 |
|---|---|---|
| 求线性方程组 $\boldsymbol{AX}=\boldsymbol{b}$ 的一个解 | 左除法 | x=A\b |
| | 求逆法 | x=inv（A）*b |
| | 用阶梯型矩阵 | x=rref（[A，b]） |
| | 调用 linsolve 函数 | x=linsolve（A，b） |
| | 调用 solve 函数 | [x1，x2，…，xn]=solve（'eq1'，'eq2'，…，'eqn'） |

**例 1**　求线性方程组 $\begin{cases} 3x_1+x_2-x_3=3.6 \\ x_1+2x_2+4x_3=2.1 \\ -x_1+4x_2+5x_3=-1.4 \end{cases}$ 的解.

**解法一**　（左除法）

输入:

```
A=[3 1 -1;1 2 4;-1 4 5];b=[3.6;2.1;-1.4];
x=A\b
```

结果:

```
x =
     1.4818
    -0.4606
     0.3848
```

**解法二**　（求逆法）

输入:

```
A=[3 1 -1;1 2 4;-1 4 5];b=[3.6;2.1;-1.4];
x=inv（A）*b
```

结果:

```
x =
      1.4818
     -0.4606
      0.3848
```

**解法三** （用阶梯型矩阵）

输入：

```
A=[3 1 -1;1 2 4;-1 4 5];b=[3.6;2.1;-1.4];
x=rref（[A，b]）
```

结果：

```
x =

    1.0000         0         0        1.4818
    0         1.0000         0       -0.4606
    0              0    1.0000        0.3848
```

**解法四** （调用 linsolve 函数）

输入：

```
A=[3 1 -1;1 2 4;-1 4 5];b=[3.6;2.1;-1.4];
x=linsolve（A，b）
```

结果：

```
x =
      1.4818
     -0.4606
      0.3848
```

**解法五** （调用 solve 函数）

输入：

```
[x1 x2 x3]=solve（'3*x1+x2-x3=3.6'，'x1+2*x2+4*x3=2.1'，'-x1+4*x2+5*x3=-1.4'）
```

结果：

```
x1 =

      1.4818181818181818181818181818182
x2 =

     -0.46060606060606060606060606060606

x3 =

      0.38484848484848484848484848484848
```

**例 2**　用 MATLAB 软件求解上一节中例 5 对应的线性方程组.

**解**

输入：

```
G1=200; L1=2; theta1=pi/6; G2=100; L2=sqrt（2）; theta2=pi/4;
A = [1，0，-1，0，0，0，0，0;  0，1，0，1，0，0，0，0;
0，0，L1*sin（theta1），L1*cos（theta1），0，0，0，0;  0，0，0，0，1，0，-1，0;
0，0，0，0，0，1，0，-1;  0，0，0，0，0，0，L2*sin（theta2），-L2*cos（theta2）;
0，0，1，0，0，0，-1，0;  0，0，0，1，0，0，0，-1];
b = [0;G1;0.5*L1*cos（theta1）*G1;0;G2;0.5*L2*cos（theta2）*G2;0;0];
x = A\b
```

结果：

```
x =

   95.0962
  154.9038
   95.0962
   45.0962
   95.0962
  145.0962
   95.0962
   45.0962
```

2. 求线性方程组 $\boldsymbol{AX}=\mathbf{0}$ 的通解

表 3.3

| 目的 | 函数 | 格式 | 备注 |
|---|---|---|---|
| 求线性方程组 $\boldsymbol{AX}=0$ 的通解 | null | X=null（A） | X 为正交标准化后的基础解系 |
| | | X=null（A,' r'） | X 为齐次线性方程组的基础解系 |

**例 3**　求齐次线性方程组$\begin{cases} x_1+2x_2+3x_3+x_4=0 \\ 2x_1+4x_2-x_4=0 \\ -x_1-2x_2+3x_3+2x_4=0 \\ x_1+2x_2-9x_3-5x_4=0 \end{cases}$的通解.

**解法一**

输入：

```
A=[1，2，3，1;  2，4，0，-1;  -1，-2，3，2;  1，2，-9，-5];
x=null（A,'r'）
```

结果：

```
x =

  -2.0000    0.5000
   1.0000         0
        0   -0.5000
        0    1.0000
```

**解法二**

输入：

```
A=[1，2，3，1; 2，4，0，-1; -1，-2，3，2; 1，2，-9，-5];
x=null（A）
```

结果：

```
x =

  -0.5057    0.7430
   0.0604   -0.4766
   0.3849    0.2102
  -0.7698   -0.4204
```

**注**：解法一解出的是该齐次线性方程组的基础解系，与本章第一节引例的结果一致；而解法二解出的是施密特正交化以后的标准正交基，该内容在第四章学习内容中会用到.

3. 求线性方程组 $\boldsymbol{AX}=\boldsymbol{b}$ 的通解

**解法一** 由阶梯型矩阵判断解的情况，并在有无穷多解时，写出对应的非齐次线性方程组 $\boldsymbol{AX}=\boldsymbol{b}$ 的通解.

格式：x=rref（A，b）

**例 4** 求非齐次线性方程组 $\begin{cases} 2x_1+x_2-x_3+2x_4-3x_5=2 \\ 4x_1+2x_2-x_3+x_4+2x_5=1 \\ 8x_1+4x_2-3x_3+5x_4-4x_5=5 \end{cases}$ 的通解.

**解**

输入：

```
C=[2，1，-1，2，-3，2;  4，2，-1，1，2，1;  8，4，-3，5，-4，5];
x=rref（A）
```

结果：

```
x =

    1.0000    0.5000         0   -0.5000    2.5000   -0.5000
         0         0    1.0000   -3.0000    8.0000   -3.0000
         0         0         0         0         0         0
```

该输出结果为增广矩阵的行最简型矩阵，因此直接取 $x_2, x_4, x_5$ 为自由未知量，可得原方程组对应的齐次线性方程组的基础解系为

$$\begin{pmatrix} -0.5 \\ 1 \\ 0 \\ 0 \\ 0 \end{pmatrix}, \begin{pmatrix} 0.5 \\ 0 \\ 3 \\ 1 \\ 0 \end{pmatrix}, \begin{pmatrix} -2.5 \\ 0 \\ -8 \\ 0 \\ 1 \end{pmatrix},$$

原方程组的一个特解为

$$\begin{pmatrix} -0.5 \\ 0 \\ -3 \\ 0 \\ 0 \end{pmatrix},$$

所以原方程组的通解为

$$\begin{pmatrix} x_1 \\ x_2 \\ x_3 \\ x_4 \\ x_5 \end{pmatrix} = c_1 \begin{pmatrix} -0.5 \\ 1 \\ 0 \\ 0 \\ 0 \end{pmatrix} + c_2 \begin{pmatrix} 0.5 \\ 0 \\ 3 \\ 1 \\ 0 \end{pmatrix} + c_3 \begin{pmatrix} -2.5 \\ 0 \\ -8 \\ 0 \\ 1 \end{pmatrix} + \begin{pmatrix} -0.5 \\ 0 \\ -3 \\ 0 \\ 0 \end{pmatrix}.$$

**例 5**　求非齐次线性方程组 $\begin{cases} x_1 - 2x_2 + 3x_3 - x_4 = 1 \\ 3x_1 - x_2 + 5x_3 - 3x_4 = 2 \\ 2x_1 + x_2 + 2x_3 - 2x_4 = 3 \end{cases}$ 的通解.

**解**

输入：

```
C=[1, -2, 3, -1, 1;  3, -1, 5, -3, 2;  2, 1, 2, -2, 3];
x=rref（C）
```

结果：

```
x =

    1.0000         0    1.4000   -1.0000         0
         0    1.0000   -0.8000         0         0
         0         0         0         0    1.0000
```

由输出结果可知，系数矩阵的秩为 2，增广矩阵的秩为 3，所以原方程组无解.

**解法二** 由于非齐次线性方程组有可能出现无解的情况，因此在求通解时需要先判断原方程组是否有无穷解，在有无穷解时才能写出它的通解.

具体步骤如表 3.4 所示.

表 3.4

| 步 骤 | 格 式 |
|---|---|
| 第一步：判断 $\boldsymbol{AX}=\boldsymbol{b}$ 是否有无穷解 | rank（A）== rank（B）& rank（A）<n 是否为真 |
| 第二步：在有无穷解时，求 $\boldsymbol{AX}=\boldsymbol{b}$ 的一个特解 | x=A\b |
| 第三步：求 $\boldsymbol{AX}=\boldsymbol{0}$ 的基础解系 | X=null（A,' r'） |

**例 6** 利用解法二求解例 4.

**解** 建立 M 文件.

输入：

```
>> A=[2, 1, -1, 2, -3;  4, 2, -1, 1, 2;  8, 4, -3, 5, -4];
b=[2, 1, 5]';
B=[2, 1, -1, 2, -3, 2;  4, 2, -1, 1, 2, 1;  8, 4, -3, 5, -4, 5];
R_A=rank（A）
R_B=rank（B）
if R_A==R_B & R_A==5;
x=A\b
elseif R_A== R_B & R_A<5
x=A\b
c=null（A, 'r'）
else   x='Equation has no solves'
end
```

结果：

```
R_A =

     2

R_B =

     2

Warning: Rank deficient, rank = 2,   tol =      1.0175e-014.
```

```
x =

    0.4375
         0
         0
         0
   -0.3750


c =

   -0.5000    0.5000   -2.5000
    1.0000         0         0
         0    3.0000   -8.0000
         0    1.0000         0
         0         0    1.0000
```

**思考：**例 6 和例 4 的结果有什么不同，为什么？

4. 求向量组的秩与极大无关组（表 3.5）

表 3.5

| 目的 | 函数 | 格式 | 备注 |
| --- | --- | --- | --- |
| 求向量组的秩 | rank | k=rank（A） | 结果为矩阵 ***A*** 中行（列）向量中线性无关的个数 |
| 求向量的极大无关组 | rank | [R，jb]=rank（A） | ***R*** 为阶梯型矩阵，jb 为极大无关组所在的列号 |

**例 7**　求向量组 $\boldsymbol{a}_1=(1,-2,2,3)$，$\boldsymbol{a}_2=(-2,4,-1,3)$，$\boldsymbol{a}_3=(-1,2,0,3)$，$\boldsymbol{a}_4=(0,6,2,3)$，$\boldsymbol{a}_5=(2,-6,3,4)$ 的秩和一个极大无关组.

**解**　建立 M 文件.

输入：

```
a1=[1, -2, 2, 3]'; a2=[-2, 4, -1, 3]'; a3=[-1, 2, 0, 3]';
a4=[0, 6, 2, 3]'; a5=[2, -6, 3, 4]';
A=[a1, a2, a3, a4, a5];
k=rank（A）
[R, jb]=rref（A）
A（:, jb）
```

结果：

```
k =

     3


R =

    1.0000         0    0.3333         0    1.7778
         0    1.0000    0.6667         0   -0.1111
         0         0         0    1.0000   -0.3333
         0         0         0         0         0


jb =

     1     2     4


ans =

     1    -2     0
    -2     4     6
     2    -1     2
     3     3     3
```

### 3.5.2 数学建模举例

**例 8 （投入产出模型）**

某地有一座煤矿、一个发电厂和一条铁路. 经成本核算，每生产价值 1 元钱的煤需消耗 0.3 元的电；为了把这 1 元钱的煤运出去需花费 0.2 元的运费；每生产 1 元的电需 0.6 元的煤作燃料；为了运行，电厂的辅助设备需消耗本身 0.1 元的电和花费 0.1 元的运费；作为铁路局，每提供 1 元运费的运输需消耗 0.5 元的煤，辅助设备要消耗 0.1 元的电. 现煤矿接到外地 6 万元煤的订货，电厂有 10 万元电的外地需求. 问：煤矿和电厂各生产多少才能满足需求？

**【模型假设】**假设不考虑价格变动等其他因素.

**【模型建立】**设煤矿、电厂、铁路分别产出 $x$ 元，$y$ 元，$z$ 元刚好满足需求. 则消耗与产出情况如表 3.6 所示.

表 3.6

| | | 产出（1 元） | | | 产出 | 消耗 | 订单/元 |
|---|---|---|---|---|---|---|---|
| | | 煤 | 电 | 运 | | | |
| 消耗 | 煤 | 0 | 0.6 | 0.5 | $x$ | $0.6y+0.5z$ | 60 000 |
| | 电 | 0.3 | 0.1 | 0.1 | $y$ | $0.3x+0.1y+0.1z$ | 100 000 |
| | 运 | 0.2 | 0.1 | 0 | $z$ | $0.2x+0.1y$ | 0 |

根据需求，应该有

$$\begin{cases} x-(0.6y+0.5z)=60\,000 \\ y-(0.3x+0.1y+0.1z)=100\,000 \\ z-(0.2x+0.1y)=0 \end{cases},$$

即

$$\begin{cases} x-0.6y-0.5z=60\,000 \\ -0.3x+0.9y-0.1z=100\,000 \\ -0.2x-0.1y+z=0 \end{cases}.$$

**【模型求解】**在 MATLAB 命令窗口输入以下命令：

```
A = [1, -0.6, -0.5; -0.3, 0.9, -0.1; -0.2, -0.1, 1]; b = [60000;100000;0];
x = A\b
```

MATLAB 执行后，得

```
x =
    1.0e+005 *
    1.9966
    1.8415
    0.5835
```

可见，煤矿要生产 $1.996\,6\times10^5$ 元的煤，电厂要生产 $1.841\,5\times10^5$ 元的电恰好满足需求.

**【模型分析】**令

$$\boldsymbol{x}=\begin{pmatrix} x \\ y \\ z \end{pmatrix},\quad \boldsymbol{A}=\begin{pmatrix} 0 & 0.6 & 0.5 \\ 0.3 & 0.1 & 0.1 \\ 0.2 & 0.1 & 0 \end{pmatrix},\quad \boldsymbol{b}=\begin{pmatrix} 60000 \\ 100000 \\ 0 \end{pmatrix},$$

其中 $\boldsymbol{x}$ 称为总产值列向量，$\boldsymbol{A}$ 称为消耗系数矩阵，$\boldsymbol{b}$ 称为最终产品向量，则

$$\boldsymbol{Ax}=\begin{pmatrix} 0 & 0.6 & 0.5 \\ 0.3 & 0.1 & 0.1 \\ 0.2 & 0.1 & 0 \end{pmatrix}\begin{pmatrix} x \\ y \\ z \end{pmatrix}=\begin{pmatrix} 0.6y+0.5z \\ 0.3x+0.1y+0.1z \\ 0.2x+0.1y \end{pmatrix}.$$

根据需求，应该有 $\boldsymbol{x}-\boldsymbol{A}\boldsymbol{x}=\boldsymbol{b}$，即（$\boldsymbol{E}-\boldsymbol{A}$）$\boldsymbol{x}=\boldsymbol{b}$. 故 $\boldsymbol{x}=(\boldsymbol{E}-\boldsymbol{A})^{-1}\boldsymbol{b}$.

**例 9　（互付工资模型）**

互付工资问题是多方合作相互提供劳动过程中产生的. 比如农忙季节，多户农民组成互助组，共同完成各户的耕、种、收等农活. 又如木工、电工、油漆工等组成互助组，共同完成各家的装潢工作. 由于不同工种的劳动量有所不同，为了均衡各方的利益，就要计算互付工资的标准.

问题：现有一个木工、电工、油漆工，相互装修他们的房子，他们有如下协议:

（1）每人工作 10 天（包括在自己家的日子）（表 3.7）;

（2）每人的日工资一般的市价在 60 ~ 80 元;

（3）日工资数应使每人的总收入和总支出相等.

表 3.7

| | 木工 | 电工 | 油漆工 |
|---|---|---|---|
| 木工家 | 2 | 1 | 6 |
| 电工家 | 4 | 5 | 1 |
| 油漆工家 | 4 | 4 | 3 |

求每人的日工资.

**【模型假设】**假设每人每天的工作时间长度相同，无论他们在谁家干活都按正常情况工作，既不偷懒也不加班.

**【模型建立】**设木工、电工、油漆工的日工资分别为 $x$，$y$，$z$ 元. 各家应付工资和各人应得收入如表 3.8 所示.

表 3.8

| | 木工 | 电工 | 油漆工 | 各家应付工资 |
|---|---|---|---|---|
| 木工家 | $2x$ | $1y$ | $6z$ | $2x+y+6z$ |
| 电工家 | $4x$ | $5y$ | $1z$ | $4x+5y+z$ |
| 油漆工家 | $4x$ | $4y$ | $3z$ | $4x+4y+3z$ |
| 各人应得收入 | $10x$ | $10y$ | $10z$ | |

由此可得

$$\begin{cases}2x+y+6z=10x\\4x+5y+z=10y\\4x+4y+3z=10z\end{cases}，\text{即}\begin{cases}-8x+y+6z=0\\4x-5y+z=0\\4x+4y-7z=0\end{cases}.$$

**【模型求解】**在 MATLAB 命令窗口输入以下命令：

A = [-8，1，6;　4，-5，1;　4，4，-7];

```
x = null（A,’ r’）; format rat, x’
```

MATLAB 执行后，得

```
ans =

   31/36          8/9          1
```

可见，上述齐次线性方程组的通解为 $\boldsymbol{x}=k(31/36,\ 8/9,\ 1)^{\mathrm{T}}$. 因而根据“每人的日工资一般的市价在 60 ~ 80 元”可知

$$60\leqslant\frac{31}{36}k<\frac{8}{9}k<k\leqslant 80，即\ \frac{2\,160}{31}\leqslant k\leqslant 80.$$

也就是说，木工、电工、油漆工的日工资分别为 $\frac{31}{36}k$ 元，$\frac{8}{9}k$ 元，$k$ 元，其中 $\frac{2\,160}{31}\leqslant k\leqslant 80$.

为了简便起见，可取 $k=72$，于是木工、电工、油漆工的日工资分别为 62 元、64 元、72 元.

**【模型分析】**事实上，各人都不必付自己工资. 这时各家应付工资和各人应得收入如表 3.9 所示.

表 3.9

| | 木工 | 电工 | 油漆工 | 各家应付工资 |
|---|---|---|---|---|
| 木工家 | 0 | $1y$ | $6z$ | $y+6z$ |
| 电工家 | $4x$ | 0 | $1z$ | $4x+z$ |
| 油漆工家 | $4x$ | $4y$ | 0 | $4x+4y$ |
| 个人应得收入 | $8x$ | $5y$ | $7z$ | |

由此可得

$$\begin{cases}y+6z=8x\\4x+z=5y\\4x+4y=7z\end{cases}，即\begin{cases}-8x+y+6z=0\\4x-5y+z=0\\4x+4y-7z=0\end{cases}.$$

可见，这样得到的方程组与前面得到的方程组是一样的.

# 第 4 章　相似矩阵与二次型

相似矩阵与二次型在线性代数中占有十分重要的地位，在微分方程、数理统计、经济管理等方面有着广泛的应用.本章主要利用矩阵理论讨论方阵的特征值与特征向量、方阵的相似对角化、二次型化标准型等问题.

## 4.1　方阵的特征值与特征向量

工程技术和经济管理中的许多定量分析问题，往往可以归结为求一个矩阵的特征值和特征向量问题. 本节将介绍矩阵的特征值、特征向量的概念和有关理论.

### 4.1.1　方阵的特征值与特征向量的概念

在很多数学问题的求解中，以及工程技术和经济管理的许多定量分析模型中，常常需要寻求常数$\lambda$和非零向量$\boldsymbol{X}$，使$\boldsymbol{AX}=\lambda\boldsymbol{X}$.

**例 1**　（**污染与工业发展水平关系的定量分析**）

设$x_0$是某地区的污染水平（以空气或河湖水质的某种污染指数为测量单位），$y_0$是目前的工业发展水平（以某种工业发展指数为测算单位）. 以 5 年为一个发展周期，一个周期后的污染水平和工业发展水平分别记为$x_1$和$y_1$. 他们之间的关系是

$$x_1=3x_0+y_0, y_1=2x_0+2y_0,$$

写成矩阵形式，就是

$$\begin{bmatrix} x_1 \\ y_1 \end{bmatrix}=\begin{bmatrix} 3 & 1 \\ 2 & 2 \end{bmatrix}\begin{bmatrix} x_0 \\ y_0 \end{bmatrix},$$

或
$$\boldsymbol{X}_1=\boldsymbol{AX}_0.$$
其中

$$\boldsymbol{X}_1=\begin{bmatrix} x_1 \\ y_1 \end{bmatrix},\quad \boldsymbol{X}_0=\begin{bmatrix} x_0 \\ y_0 \end{bmatrix},\quad \boldsymbol{A}=\begin{bmatrix} 3 & 1 \\ 2 & 2 \end{bmatrix}.$$

如果当前的水平为$\boldsymbol{X}_0=\begin{bmatrix} 1 \\ 1 \end{bmatrix}$，则

$$\boldsymbol{X}_1=\begin{bmatrix}x_1\\y_1\end{bmatrix}=\begin{bmatrix}3&1\\2&2\end{bmatrix}\begin{bmatrix}1\\1\end{bmatrix}=\begin{bmatrix}4\\4\end{bmatrix}=4\begin{bmatrix}1\\1\end{bmatrix}=4\boldsymbol{X}_0,$$

即 $\boldsymbol{AX}_0=4\boldsymbol{X}_0$. 由此可以预测 $n$ 个周期之后的污染水平和工业发展水平：

$$\boldsymbol{X}_n=4\boldsymbol{X}_{n-1}=\cdots=4^n\boldsymbol{X}_0.$$

在上述讨论中，表达式 $\boldsymbol{AX}_0=4\boldsymbol{X}_0$ 反映了矩阵 $\boldsymbol{A}$ 作用在向量 $\boldsymbol{X}_0$ 上的值改变了常数倍. 我们把具有这种性质的非零向量 $\boldsymbol{X}_0$ 称为矩阵 $\boldsymbol{A}$ 的特征向量，数 4 称为矩阵 $\boldsymbol{A}$ 的特征值.

**定义 4.1**　设 $\boldsymbol{A}$ 为 $n$ 阶方阵，如果数 $\lambda$ 和 $n$ 维非零列向量 $\boldsymbol{X}$，使得

$$\boldsymbol{AX}=\lambda\boldsymbol{X}\tag{4.1}$$

成立，那么这样的数 $\lambda$ 称为方阵 $\boldsymbol{A}$ 的特征值，非零向量 $\boldsymbol{X}$ 称为 $\boldsymbol{A}$ 的对应于特征值 $\lambda$ 的特征向量.

如对 $\boldsymbol{A}=\begin{bmatrix}3&-1\\-1&3\end{bmatrix}$ 及 $\lambda=2$，$\boldsymbol{X}=\begin{bmatrix}1\\1\end{bmatrix}$，有 $\boldsymbol{AX}=\begin{bmatrix}3&-1\\-1&3\end{bmatrix}\begin{bmatrix}1\\1\end{bmatrix}=2\begin{bmatrix}1\\1\end{bmatrix}=\lambda\boldsymbol{X}$，所以数 $\lambda=2$ 是方阵 $\boldsymbol{A}$ 的特征值，而 $\begin{bmatrix}1\\1\end{bmatrix}$ 是 $\boldsymbol{A}$ 的对应于特征值 2 的特征向量.

又如对数量矩阵 $\boldsymbol{A}=\begin{bmatrix}\lambda&0&0\\0&\lambda&0\\0&0&\lambda\end{bmatrix}=\lambda\begin{bmatrix}1&0&0\\0&1&0\\0&0&1\end{bmatrix}=\lambda\boldsymbol{E}$，即 $\forall\boldsymbol{X}\in\boldsymbol{R}^3$，有 $\boldsymbol{AX}=\lambda\boldsymbol{EX}=\lambda\boldsymbol{X}$ 成立，故 $\lambda$ 为 $\boldsymbol{A}$ 的特征值，$\boldsymbol{X}$ 是 $\boldsymbol{A}$ 的对应于特征值 $\lambda$ 的特征向量.

结合定义 4.1 及上述例子可知：

（1）特征向量 $\boldsymbol{X}\neq\boldsymbol{0}$，特征值问题是针对方阵而言；

（2）一个特征值可对应无穷多个特征向量；

（3）一个特征向量只属于一个特征值，即不同的特征值对应的特征向量一定不相同.

对于一般的 $n$ 阶方阵 $\boldsymbol{A}$，很难直接看出它的特征值和特征向量. 为此我们将（4.1）式变形得

$$(\boldsymbol{A}-\lambda\boldsymbol{E})\boldsymbol{X}=\boldsymbol{0}\tag{4.2}$$

这是 $n$ 个未知数、$n$ 个方程的齐次线性方程组，即 $n$ 阶方阵 $\boldsymbol{A}$ 的特征值就是使得齐次线性方程组 $(\boldsymbol{A}-\lambda\boldsymbol{E})\boldsymbol{X}=\boldsymbol{0}$ 有非零解的 $\lambda$ 值，而（4.2）式有非零解的充分必要条件是系数行列式

$$|\boldsymbol{A}-\lambda\boldsymbol{E}|=0,$$

即

$$\begin{vmatrix}a_{11}-\lambda&a_{12}&\cdots&a_{1n}\\a_{21}&a_{22}-\lambda&\cdots&a_{2n}\\\vdots&\vdots&&\vdots\\a_{n1}&a_{n2}&\cdots&a_{nn}-\lambda\end{vmatrix}=0.$$

上式是以 $\lambda$ 为未知数的一元 $n$ 次方程，我们称它为矩阵 $\boldsymbol{A}$ 的特征方程.

记

$$f(\lambda)=|A-\lambda E|=\begin{vmatrix} a_{11}-\lambda & a_{12} & \cdots & a_{1n} \\ a_{21} & a_{22}-\lambda & \cdots & a_{2n} \\ \vdots & \vdots & & \vdots \\ a_{n1} & a_{n2} & \cdots & a_{nn}-\lambda \end{vmatrix},$$

它是$\lambda$的 $n$ 次多项式，因此称它为矩阵 $\boldsymbol{A}$ 的特征多项式.

显然，矩阵 $\boldsymbol{A}$ 的特征值就是特征方程$|\boldsymbol{A}-\lambda\boldsymbol{E}|=0$的解. 由于方程的左边是 $n$ 次多项式，所以在复数范围内特征方程的解一定有 $n$ 个根（重根按重数计算，虚根成对出现）. 也就是说，$n$ 阶方阵 $\boldsymbol{A}$ 在复数范围内一定有 $n$ 个特征值.

假设$\lambda_1,\lambda_2,\cdots,\lambda_n$是 $\boldsymbol{A}$ 的 $n$ 个特征值，则下列结论成立：

（1）$\lambda_1+\lambda_2+\cdots+\lambda_n=a_{11}+a_{22}+\cdots+a_{nn}$；

（2）$\lambda_1\cdot\lambda_2\cdot\cdots\cdot\lambda_n=|\boldsymbol{A}|$.

**证**（1）因为$\lambda_1,\lambda_2,\cdots,\lambda_n$是 $n$ 阶方阵 $\boldsymbol{A}$ 的 $n$ 个特征值，则

$$|\boldsymbol{A}-\lambda\boldsymbol{E}|=\begin{vmatrix} a_{11}-\lambda & a_{12} & \cdots & a_{1n} \\ a_{21} & a_{22}-\lambda & \cdots & a_{2n} \\ \vdots & \vdots & & \vdots \\ a_{n1} & a_{n2} & \cdots & a_{nn}-\lambda \end{vmatrix}=(-1)^n(\lambda-\lambda_1)(\lambda-\lambda_2)\cdots(\lambda-\lambda_n).$$

这是一个关于$\lambda$的 $n$ 次多项式，比较左右两边 $\lambda^{n-1}$的系数，便得到等式（1）.

（2）再令 $\lambda=0$，便得到等式（2）.

**注：**由等式（2）可得，$\boldsymbol{A}$ 可逆的充分必要条件是 $\boldsymbol{A}$ 的所有特征值均不为 0.

通过以上的分析可知，要求出方阵 $\boldsymbol{A}$ 的特征值与特征向量，步骤如下：

（1）写出 $f(\lambda)=0$，解出$\lambda_1,\lambda_2,\cdots,\lambda_n$.

（2）把$\lambda_i$分别代入（4.2）式，即$(\boldsymbol{A}-\lambda_i\boldsymbol{E})\boldsymbol{X}=\boldsymbol{0}$，解出该齐次线性方程组的非零解，得到与$\lambda_i$相对应的特征向量.

**例 2** 求矩阵 $\boldsymbol{A}=\begin{bmatrix} 3 & -1 \\ -1 & 3 \end{bmatrix}$的特征值和特征向量.

**解** $\boldsymbol{A}$ 的特征方程为

$$|\boldsymbol{A}-\lambda\boldsymbol{E}|=\begin{vmatrix} 3-\lambda & -1 \\ -1 & 3-\lambda \end{vmatrix}=(3-\lambda)^2-1=8-6\lambda+\lambda^2=0,$$

所以 $\boldsymbol{A}$ 的全部特征值为 $\lambda_1=2,\lambda_2=4$.

当$\lambda_1=2$时，解方程$(\boldsymbol{A}-2\boldsymbol{E})\boldsymbol{X}=\boldsymbol{0}$. 由

$$\boldsymbol{A}-2\boldsymbol{E}=\begin{bmatrix} 1 & -1 \\ -1 & 1 \end{bmatrix}\overset{r}{\sim}\begin{bmatrix} 1 & -1 \\ 0 & 0 \end{bmatrix},$$

得基础解系 $\boldsymbol{p}_1=\begin{bmatrix} 1 \\ 1 \end{bmatrix}$，所以 $k_1\boldsymbol{p}_1(k_1\neq 0)$是对应于 $\lambda_1=2$的全部特征向量.

当$\lambda_2=4$时，解方程$(\boldsymbol{A}-4\boldsymbol{E})\boldsymbol{X}=\boldsymbol{0}$. 由

$$A-4E=\begin{bmatrix}-1 & -1\\ -1 & -1\end{bmatrix}\overset{r}{\sim}\begin{bmatrix}1 & 1\\ 0 & 0\end{bmatrix},$$

得基础解系 $p_2=\begin{bmatrix}-1\\ 1\end{bmatrix}$，所以 $k_2p_2(k_2\neq 0)$ 是对应于 $\lambda_2=4$ 的全部特征向量.

**例 3**　求矩阵 $A=\begin{bmatrix}-1 & 1 & 0\\ -4 & 3 & 0\\ 1 & 0 & 2\end{bmatrix}$的特征值和特征向量.

**解**　$A$ 的特征方程为

$$|A-\lambda E|=\begin{vmatrix}-1-\lambda & 1 & 0\\ -4 & 3-\lambda & 0\\ 1 & 0 & 2-\lambda\end{vmatrix}=(2-\lambda)(1-\lambda)^2,$$

所以 $A$ 的全部特征值为 $\lambda_1=2, \lambda_2=\lambda_3=1$.

当 $\lambda_1=2$时，解方程 $(A-2E)X=\mathbf{0}$. 由

$$A-2E=\begin{bmatrix}-3 & 1 & 0\\ -4 & 1 & 0\\ 1 & 0 & 0\end{bmatrix}\overset{r}{\sim}\begin{bmatrix}1 & 0 & 0\\ 0 & 1 & 0\\ 0 & 0 & 0\end{bmatrix},$$

得基础解系 $p_1=\begin{bmatrix}0\\ 0\\ 1\end{bmatrix}$，所以 $k_1p_1(k_1\neq 0)$ 是对应于 $\lambda_1=2$的全部特征向量.

当 $\lambda_2=\lambda_3=1$时，解方程 $(A-E)X=\mathbf{0}$，由

$$A-E=\begin{bmatrix}-2 & 1 & 0\\ -4 & 2 & 0\\ 1 & 0 & 1\end{bmatrix}\overset{r}{\sim}\begin{bmatrix}1 & 0 & 1\\ 0 & 1 & 2\\ 0 & 0 & 0\end{bmatrix},$$

得基础解系 $p_2=\begin{bmatrix}-1\\ -2\\ 1\end{bmatrix}$，所以 $k_2p_2(k_2\neq 0)$ 是对应于 $\lambda_2=\lambda_3=1$ 的全部特征向量.

**例 4**　求矩阵 $A=\begin{bmatrix}3 & 2 & -1\\ -2 & -2 & 2\\ 3 & 6 & -1\end{bmatrix}$的特征值和特征向量.

**解**　$A$ 的特征方程为

$$|A-\lambda E|=\begin{vmatrix}3-\lambda & 2 & -1\\ -2 & -2-\lambda & 2\\ 3 & 6 & -1-\lambda\end{vmatrix}=-(\lambda-2)^2(\lambda+4)=0,$$

所以 $A$ 的特征值为 $\lambda_1=\lambda_2=2, \lambda_3=-4$.

当 $\lambda_1=\lambda_2=2$时，解方程 $(A-2E)X=\mathbf{0}$. 由

$$A-2E=\begin{bmatrix}1&2&-1\\-2&-4&2\\3&6&-3\end{bmatrix}\overset{r}{\sim}\begin{bmatrix}1&2&-1\\0&0&0\\0&0&0\end{bmatrix},$$

得基础解系 $p_1=\begin{bmatrix}-2\\1\\0\end{bmatrix}$，$p_2=\begin{bmatrix}1\\0\\1\end{bmatrix}$所以 $k_1p_1+k_2p_2$($k_1,k_2$不同时为 0）是对应于 $\lambda_1=\lambda_2=2$的全部特征向量.

当 $\lambda_3=-4$时，解方程$(A+4E)X=\mathbf{0}$. 由

$$A+4E=\begin{bmatrix}7&2&-1\\-2&2&2\\3&6&3\end{bmatrix}\overset{r}{\sim}\begin{bmatrix}1&0&-\frac{1}{3}\\0&1&\frac{2}{3}\\0&0&0\end{bmatrix},$$

得基础解系 $p_3=\begin{bmatrix}1\\-2\\3\end{bmatrix}$，所以 $k_3p_3(k_3\neq 0)$是对应于 $\lambda_3=-4$的全部特征向量.

**例 5** 若$\lambda$是矩阵 $A$ 的特征值，$X$是 $A$ 的对应于$\lambda$的特征向量，证明：

（1）$\lambda^m$是 $A^m$的特征值；

（2）当 $A$ 可逆时，$\dfrac{1}{\lambda}$是 $A^{-1}$的特征值；

（3）当 $A$ 可逆时，$\dfrac{1}{\lambda}|A|$是 $A^*$的特征值.

**证**（1）因为 $AX=\lambda X$，所以

$$A(AX)=A\lambda X=\lambda AX=\lambda(AX)=\lambda^2X\Rightarrow A^2X=\lambda^2X.$$

再继续施行上述步骤多次，就得到 $A^mX=\lambda^mX$，即 $\lambda^m$是 $A^m$的特征值，$X$是对应于$\lambda^m$的 $A^m$的特征向量.

（2）当 $A$ 可逆时，$\lambda\neq 0$. 因为 $AX=\lambda X$，所以

$$A^{-1}(AX)=\lambda A^{-1}X\text{，即 }A^{-1}X=\frac{1}{\lambda}X.$$

所以$\dfrac{1}{\lambda}$是 $A^{-1}$的特征值，$X$是对应于$\dfrac{1}{\lambda}$的 $A^{-1}$的特征向量.

（3）因为 $AA^*=|A|E$，所以 $A^*=|A|A^{-1}$，$A^*X=|A|A^{-1}X=\dfrac{1}{\lambda}|A|X$，所以$\dfrac{1}{\lambda}|A|$是 $A^*$的特征值.

### 4.1.2　特征值与特征向量的有关定理

**定理 4.1**　设 $\lambda_1,\lambda_2,\cdots,\lambda_m$ 是 $\boldsymbol{A}$ 的 $m$ 个不同的特征值，$\boldsymbol{p}_1,\boldsymbol{p}_2,\cdots,\boldsymbol{p}_m$ 依次是与之对应的特征向量，则 $\boldsymbol{p}_1,\boldsymbol{p}_2,\cdots,\boldsymbol{p}_m$ 线性无关.

**证**　只证明两个向量的情形.

假设 $k_1\boldsymbol{p}_1+k_2\boldsymbol{p}_2=0\Rightarrow \boldsymbol{A}(k_1\boldsymbol{p}_1+k_2\boldsymbol{p}_2)=\boldsymbol{A}0=0$

$$\Rightarrow k_1\boldsymbol{A}\boldsymbol{p}_1+k_2\boldsymbol{A}\boldsymbol{p}_2=0\Rightarrow \lambda_1k_1\boldsymbol{p}_1+\lambda_2k_2\boldsymbol{p}_2=0\ ,\tag{1}$$

由条件可得

$$\lambda_1k_1\boldsymbol{p}_1+\lambda_2k_2\boldsymbol{p}_2=0\ ,\tag{2}$$

由式（1）、（2）可得

$$(\lambda_2-\lambda_1)k_2\boldsymbol{p}_2=0\ .$$

由于 $\boldsymbol{p}_1\neq\boldsymbol{0},\lambda_2\neq\lambda_1\Rightarrow k_2=0,\ k_1=0$，故结论成立.

对于多个向量，同理可证.

由该定理可知：

（1）属于不同特征值的特征向量是线性无关的.

（2）属于同一特征值的特征向量的非零线性组合仍是属于这个特征值的特征向量.

（3）矩阵的特征向量总是相对于特征值而言的，一个特征值具有的特征向量不唯一，一个特征向量不能属于不同的特征值.

**定理 4.2**　设 $\lambda_1,\lambda_2$ 是 $\boldsymbol{A}$ 的两个不同的特征值，$\boldsymbol{p}_1,\boldsymbol{p}_2,\cdots,\boldsymbol{p}_s$；$\boldsymbol{q}_1,\boldsymbol{q}_2,\cdots,\boldsymbol{q}_l$ 分别为 $\boldsymbol{A}$ 的属于 $\lambda_1,\lambda_2$ 的线性无关的特征向量，则 $\boldsymbol{p}_1,\boldsymbol{p}_2,\cdots,\boldsymbol{p}_s$；$\boldsymbol{q}_1,\boldsymbol{q}_2,\cdots,\boldsymbol{q}_l$ 线性无关.

（证明略）

## 4.2　相似矩阵及其对角化

对角矩阵是形式最简单、运算最方便的一类矩阵. 那么，任意方阵是否可化为对角矩阵，且保持方阵的一些原有性质不变，这在理论和应用上都具有重要的意义，本节将讨论这个问题.

### 4.2.1　相似矩阵

上一节已经介绍了污染与工业发展水平的增长模型，我们在此做进一步讨论.

若记 $x_n$ 和 $y_n$ 分别为第 $n$ 个发展周期的污染水平和工业发展水平，则增长模型为

$$x_n=3x_{n+1}+y_{n-1}\ ,\quad y_n=2x_{n-1}+2y_{n-1}\ (n=1,2,3,\cdots)$$

写成矩阵形式，就是

$$\begin{bmatrix} x_n \\ y_n \end{bmatrix}=\begin{bmatrix} 3 & 1 \\ 2 & 2 \end{bmatrix}\begin{bmatrix} x_{n-1} \\ y_{n-1} \end{bmatrix} \quad 或 \quad \boldsymbol{X}_n=\boldsymbol{A}\boldsymbol{X}_{n-1}.$$

其中

$$\boldsymbol{X}_n=\begin{bmatrix} x_n \\ y_n \end{bmatrix},\quad \boldsymbol{X}_{n-1}=\begin{bmatrix} x_{n-1} \\ y_{n-1} \end{bmatrix},\quad \boldsymbol{A}=\begin{bmatrix} 3 & 1 \\ 2 & 2 \end{bmatrix}.$$

如果当前水平为 $\boldsymbol{X}_0$，则

$$\begin{bmatrix} x_n \\ y_n \end{bmatrix}=\begin{bmatrix} 3 & 1 \\ 2 & 2 \end{bmatrix}\begin{bmatrix} x_{n-1} \\ y_{n-1} \end{bmatrix} \quad 或 \quad \boldsymbol{X}_n=\boldsymbol{A}^n\boldsymbol{X}_0.$$

因此，求 $\boldsymbol{A}^n$ 就是解决该问题的关键. 如果有可逆矩阵 $\boldsymbol{P}$，使得 $\boldsymbol{P}^{-1}\boldsymbol{A}\boldsymbol{P}=\boldsymbol{D}$，即 $\boldsymbol{A}=\boldsymbol{P}\boldsymbol{D}\boldsymbol{P}^{-1}$，并且 $\boldsymbol{D}^n$ 容易计算，那么

$$\boldsymbol{A}^n=[\boldsymbol{P}\boldsymbol{D}\boldsymbol{P}^{-1}]^n=[\boldsymbol{P}\boldsymbol{D}\boldsymbol{P}^{-1}][\boldsymbol{P}\boldsymbol{D}\boldsymbol{P}^{-1}]\cdots[\boldsymbol{P}\boldsymbol{D}\boldsymbol{P}^{-1}]=\boldsymbol{P}\boldsymbol{D}^n\boldsymbol{P}^{-1},$$

于是 $\boldsymbol{A}^n$ 就容易计算了. 为了寻找更简单的矩阵 $\boldsymbol{D}$( $\boldsymbol{D}^n$ 容易计算 )，就需要研究形如 $\boldsymbol{P}^{-1}\boldsymbol{A}\boldsymbol{P}=\boldsymbol{D}$ 这样的矩阵，为此引入相似矩阵的概念.

**定义 4.2** 设 $\boldsymbol{A},\boldsymbol{B}$ 都是 $n$ 阶矩阵，若有可逆矩阵 $\boldsymbol{P}$，使 $\boldsymbol{P}^{-1}\boldsymbol{A}\boldsymbol{P}=\boldsymbol{B}$，则称 $\boldsymbol{B}$ 是 $\boldsymbol{A}$ 的相似矩阵，或矩阵 $\boldsymbol{A}$ 与 $\boldsymbol{B}$ 相似. 可逆矩阵 $\boldsymbol{P}$ 称为相似变换矩阵，运算 $\boldsymbol{P}^{-1}\boldsymbol{A}\boldsymbol{P}$ 称为对 $\boldsymbol{A}$ 进行相似变换.

**定理 4.3** 相似矩阵有相同的特征多项式，从而有相同的特征值.

**证** 设矩阵 $\boldsymbol{A}$ 与 $\boldsymbol{B}$ 相似，∃可逆阵 $\boldsymbol{P}$，使得 $\boldsymbol{P}^{-1}\boldsymbol{A}\boldsymbol{P}=\boldsymbol{B}$. 所以

$$\begin{aligned}|\boldsymbol{B}-\lambda\boldsymbol{E}|&=\left|\boldsymbol{P}^{-1}\boldsymbol{A}\boldsymbol{P}-\boldsymbol{P}^{-1}(\lambda\boldsymbol{E})\boldsymbol{P}\right|=\left|\boldsymbol{P}^{-1}(\boldsymbol{A}-\lambda\boldsymbol{E})\boldsymbol{P}\right|\\&=\left|\boldsymbol{P}^{-1}\right|\left|\boldsymbol{A}-\lambda\boldsymbol{E}\right|\left|\boldsymbol{P}\right|=|\boldsymbol{A}-\lambda\boldsymbol{E}|.\end{aligned}$$

即 $\boldsymbol{A}$ 与 $\boldsymbol{B}$ 有相同的特征多项式，从而 $\boldsymbol{A}$ 与 $\boldsymbol{B}$ 也有相同的特征值，定理得证.

**推论** 若 $n$ 阶方阵 $\boldsymbol{A}$ 与对角阵 $\Lambda=\begin{bmatrix} \lambda_1 & & & \\ & \lambda_2 & & \\ & & \ddots & \\ & & & \lambda_n \end{bmatrix}$ 相似，则 $\lambda_1,\lambda_2,\cdots,\lambda_n$ 是 $\boldsymbol{A}$ 的 $n$ 个特征值.

**证** 因 $\lambda_1,\lambda_2,\cdots,\lambda_n$ 是 $\Lambda$ 的 $n$ 个特征值，由定理 4.3 知，$\lambda_1,\lambda_2,\cdots,\lambda_n$ 就是 $\boldsymbol{A}$ 的 $n$ 个特征值.

由推论可知，若 $n$ 阶方阵 $\boldsymbol{A}$ 与对角阵相似，那么对角阵主对角线上的元素必然就是 $\boldsymbol{A}$ 的特征值.

利用此推论，若 $n$ 阶方阵 $\boldsymbol{A}$ 与对角阵相似，即 $\boldsymbol{P}^{-1}\boldsymbol{A}\boldsymbol{P}=\Lambda$，也就是 $\boldsymbol{A}=\boldsymbol{P}\Lambda\boldsymbol{P}^{-1}$，则由 $\boldsymbol{P}^{-1}\boldsymbol{A}\boldsymbol{P}=\Lambda$，得 $\boldsymbol{A}\boldsymbol{P}=\boldsymbol{P}\Lambda$，从而

$$\boldsymbol{A}^k=\boldsymbol{P}\Lambda\boldsymbol{P}^{-1}\boldsymbol{P}\Lambda\boldsymbol{P}^{-1}\cdots\boldsymbol{P}\Lambda\boldsymbol{P}^{-1}=\boldsymbol{P}\Lambda^k\boldsymbol{P}^{-1}=\boldsymbol{P}\begin{bmatrix}\lambda_1^k & & & \\ & \lambda_2^k & & \\ & & \ddots & \\ & & & \lambda_n^k\end{bmatrix}\boldsymbol{P}^{-1}.$$

利用上述结论计算 $\boldsymbol{A}^k$ 比直接利用矩阵乘法计算要方便得多，特别是针对 $k$ 较大的情形.

下面我们要讨论的问题就是：对 $n$ 阶方阵 $\boldsymbol{A}$，如何寻找相似变换矩阵 $\boldsymbol{P}$，使 $\boldsymbol{P}^{-1}\boldsymbol{A}\boldsymbol{P}=\Lambda$，这就称把矩阵 $\boldsymbol{A}$ 对角化.

## 4.2.2　矩阵的对角化

**定理 4.4**　$n$ 阶矩阵 $\boldsymbol{A}$ 可对角化的充分必要条件是 $\boldsymbol{A}$ 有 $n$ 个线性无关的特征向量.

**证**　假设存在可逆矩阵 $\boldsymbol{P}$，使 $\boldsymbol{P}^{-1}\boldsymbol{A}\boldsymbol{P}=\Lambda$ 为对角阵，把 $\boldsymbol{P}$ 用其列向量表示为 $\boldsymbol{P}=(\boldsymbol{p}_1,\boldsymbol{p}_2,\cdots,\boldsymbol{p}_n)$，由 $\boldsymbol{P}^{-1}\boldsymbol{A}\boldsymbol{P}=\Lambda$，得 $\boldsymbol{A}\boldsymbol{P}=\boldsymbol{P}\Lambda$，即

$$\boldsymbol{A}(\boldsymbol{p}_1,\boldsymbol{p}_2,\cdots,\boldsymbol{p}_n)=(\boldsymbol{p}_1,\boldsymbol{p}_2,\cdots,\boldsymbol{p}_n)\begin{bmatrix}\lambda_1 & & & \\ & \lambda_2 & & \\ & & \ddots & \\ & & & \lambda_n\end{bmatrix}$$

$$=(\lambda_1\boldsymbol{p}_1,\lambda_2\boldsymbol{p}_2,\cdots,\lambda_n\boldsymbol{p}_n),$$

所以
$$\boldsymbol{A}(\boldsymbol{p}_1,\boldsymbol{p}_2,\cdots,\boldsymbol{p}_n)=(\boldsymbol{A}\boldsymbol{p}_1,\boldsymbol{A}\boldsymbol{p}_2,\cdots,\boldsymbol{A}\boldsymbol{p}_n)=(\lambda_1\boldsymbol{p}_1,\lambda\boldsymbol{p}_2,\cdots,\lambda\boldsymbol{p}_n).$$

于是
$$\boldsymbol{A}\boldsymbol{p}_i=\lambda_i\boldsymbol{p}_i\quad(i=1,2,\cdots,n).$$

可见，$\lambda_i$ 是 $\boldsymbol{A}$ 的特征值，而 $\boldsymbol{P}$ 的列向量 $\boldsymbol{p}_i$ 就是 $\boldsymbol{A}$ 的对应于特征值 $\lambda_i$ 的特征向量.

反之，由于 $\boldsymbol{A}$ 恰好有 $n$ 个特征值，并可求得对应的 $n$ 个特征向量，这 $n$ 个特征向量即可构成矩阵 $\boldsymbol{P}$，使 $\boldsymbol{A}\boldsymbol{P}=\boldsymbol{P}\Lambda$（因特征向量不唯一，所以矩阵 $\boldsymbol{P}$ 也是不唯一的，并且可能是复矩阵.）

又由于矩阵 $\boldsymbol{P}$ 可逆，所以 $\boldsymbol{p}_1,\boldsymbol{p}_2,\cdots,\boldsymbol{p}_n$ 线性无关.

命题得证.

由上述定理可知，$n$ 阶矩阵 $\boldsymbol{A}$ 是否可对角化的问题可归结为 $\boldsymbol{A}$ 是否存在 $n$ 个线性无关的特征向量的问题.

**推论**　如果 $n$ 阶矩阵 $\boldsymbol{A}$ 的 $n$ 个特征值互不相等，则 $\boldsymbol{A}$ 与对角阵相似.

若 $\boldsymbol{A}$ 的特征方程有重根，就不一定有 $n$ 个线性无关的特征向量，从而不一定能对角化. 例如 $\boldsymbol{A}=\begin{bmatrix}3 & -1\\ -1 & 3\end{bmatrix}$ 有两个不同的特征值，因而 $\boldsymbol{A}$ 可对角化，且存在可逆矩阵 $\boldsymbol{P}=\begin{bmatrix}1 & -1\\ 1 & 1\end{bmatrix}$，使 $\boldsymbol{P}^{-1}\boldsymbol{A}\boldsymbol{P}=\begin{bmatrix}2 & 0\\ 0 & 4\end{bmatrix}$；又如 $\boldsymbol{A}=\begin{bmatrix}-1 & 1 & 0\\ -4 & 3 & 0\\ 1 & 0 & 2\end{bmatrix}$ 有重根，且只有两个线性无关的特征向量，因此不一定能对角化.

**例 1** 判断 $A=\begin{bmatrix}1 & -2 & 2\\ -2 & -2 & 4\\ 2 & 4 & -2\end{bmatrix}$ 是否能对角化.

**解** 由

$$|A-\lambda E|=\begin{vmatrix}1-\lambda & -2 & 2\\ -2 & -2-\lambda & 4\\ 2 & 4 & -2-\lambda\end{vmatrix}=-(-\lambda-2)^2(\lambda+7)=0,$$

得
$$\lambda_1=\lambda_2=2, \lambda_3=-7.$$

当 $\lambda_1=\lambda_2=2$ 时，由 $(A-2E)X=0$，得方程组

$$\begin{cases}-x_1-2x_2+2x_3=0\\ -2x_1-4x_2+4x_3=0\\ 2x_1+4x_2-4x_3=0\end{cases},$$

解得基础解系为

$$p_1=\begin{bmatrix}2\\0\\1\end{bmatrix},\quad p_2=\begin{bmatrix}0\\1\\1\end{bmatrix}.$$

同理，当 $\lambda_3=-7$ 时，解得基础解系为

$$p_3=\begin{bmatrix}1\\2\\2\end{bmatrix}.$$

由于 $\begin{vmatrix}2 & 0 & 1\\ 0 & 1 & 2\\ 1 & 1 & 2\end{vmatrix}\neq 0$，所以 $p_1,p_2,p_3$ 线性无关. 即 $A$ 有 3 个线性无关的特征向量，因而矩阵 $A$ 可对角化.

**例 2** 设 $A=\begin{bmatrix}-2 & 1 & -2\\ -5 & 3 & -3\\ 1 & 0 & 2\end{bmatrix}$，问 $A$ 能否对角化，若能对角化，则求出可逆矩阵 $P$，使 $P^{-1}AP$ 为对角阵.

**解**
$$|A-\lambda E|=\begin{vmatrix}-2-\lambda & 1 & -2\\ -5 & 3-\lambda & -3\\ 1 & 0 & 2-\lambda\end{vmatrix}=-(\lambda+1)^3,$$

所以特征值为 $\lambda_1=\lambda_2=\lambda_3=-1$.

当 $\lambda_1=\lambda_2=\lambda_3=-1$ 时，由 $(A-\lambda E)X=0$，解得基础解系为

$$\begin{bmatrix} 1 \\ 1 \\ -1 \end{bmatrix}.$$

所以矩阵 $\boldsymbol{A}$ 不能对角化.

## 4.3　实对称矩阵的对角化

上一节我们讨论了矩阵能对角化的充要条件，即 $n$ 阶矩阵 $\boldsymbol{A}$ 能对角化的充要条件是 $\boldsymbol{A}$ 有 $n$ 个线性无关的特征向量. 有的 $n$ 阶矩阵能找到 $n$ 个线性无关的特征向量，而有的就不能找到 $n$ 个线性无关的特征向量. 那么，一个 $n$ 阶矩阵到底应具备什么条件时才可对角化？这是一个较复杂的问题. 我们对此不进行一般性的讨论，而仅讨论当 $\boldsymbol{A}$ 为实对称矩阵的情形. 在给出实对称矩阵可对角化的充分必要条件之前，我们先介绍三个重要的引理.

**引理 4.1**　实对称矩阵的特征值为实数.

（证明略）

**引理 4.2**　实对称矩阵的不同特征值对应的特征向量必正交.

**证**　设 $\lambda_1$，$\lambda_2$ 为实对称矩阵的两个不同的特征值，$\boldsymbol{p}_1, \boldsymbol{p}_2$ 是对应的特征向量，则

$$\lambda_1 \boldsymbol{p}_1 = \boldsymbol{A}\boldsymbol{p}_1,\ \lambda_2 \boldsymbol{p}_2 = \boldsymbol{A}\boldsymbol{p}_2,\ \lambda_1 \neq \lambda_2 .$$

因为 $\boldsymbol{A}$ 对称，所以

$$\boldsymbol{A} = \boldsymbol{A}^{\mathrm{T}},\quad \lambda_1 \boldsymbol{p}_1^{\mathrm{T}} = (\lambda_1 \boldsymbol{p}_1)^{\mathrm{T}} = (\boldsymbol{A}\boldsymbol{p}_1)^{\mathrm{T}} = \boldsymbol{p}_1^{\mathrm{T}} \boldsymbol{A}^{\mathrm{T}} = \boldsymbol{p}_1^{\mathrm{T}} \boldsymbol{A} .$$

于是

$$\lambda_1 \boldsymbol{p}_1^{\mathrm{T}} \boldsymbol{p}_2 = \boldsymbol{p}_1^{\mathrm{T}} \boldsymbol{A}\boldsymbol{p}_2 = \boldsymbol{p}_1^{\mathrm{T}} (\lambda_2 \boldsymbol{p}_2) = \lambda_2 \boldsymbol{p}_1^{\mathrm{T}} \boldsymbol{p}_2 ,$$

即

$$(\lambda_1 - \lambda_2) \boldsymbol{p}_1^{\mathrm{T}} \boldsymbol{p}_2 = 0 .$$

因为 $\lambda_1 \neq \lambda_2$，所以 $\boldsymbol{p}_1^{\mathrm{T}} \boldsymbol{p}_2 = 0$，即 $\boldsymbol{p}_1$ 与 $\boldsymbol{p}_2$ 正交.

**引理 4.3**　若 $\lambda$ 是实对称矩阵 $\boldsymbol{A}$ 的特征方程的 $k$ 重根，则矩阵 $\boldsymbol{A}$ 对应于 $\lambda$ 的线性无关特征向量恰有 $k$ 个.

（证明略）

由上面三个引理，可得如下定理：

**定理 4.5**　设 $\boldsymbol{A}$ 是 $n$ 阶实对称矩阵，则必有正交矩阵 $\boldsymbol{P}$，使

$$\boldsymbol{P}^{-1}\boldsymbol{A}\boldsymbol{P} = \boldsymbol{P}^{\mathrm{T}}\boldsymbol{A}\boldsymbol{P} = \boldsymbol{\Lambda} = \begin{bmatrix} \lambda_1 & & & \\ & \lambda_2 & & \\ & & \ddots & \\ & & & \lambda_n \end{bmatrix}.$$

其中，$\lambda_i (i = 1, 2, \cdots, n)$ 是 $\boldsymbol{A}$ 的特征值.

**证**　设 $\boldsymbol{A}$ 的互不相等的特征值为 $\lambda_1, \lambda_2, \cdots, \lambda_s$，它们的重数依次为 $r_1, r_2, \cdots, r_s$ $(r_1 + r_2 + \cdots + r_s = n)$.

根据引理 4.1 和引理 4.3 可得，对应特征值$\lambda_i$恰有$r_i\ (i=1,2,\cdots,s)$个线性无关的特征向量，把它们正交化再单位化，得到 $n$ 个两两正交的单位特征向量，依它们列向量构成正交矩阵 $\boldsymbol{P}$，使 $\boldsymbol{P}^{\mathrm{T}}\boldsymbol{AP}=\Lambda$. 其中$\Lambda$的对角线上的元素含$r_1$个$\lambda_1$，$r_2$个$\lambda_2$，$\cdots$，$r_s$个$\lambda_s$，它们是 $\boldsymbol{A}$ 的 $n$ 个特征值.

根据上述结论，给出实对称矩阵 $\boldsymbol{A}$，寻找正交矩阵 $\boldsymbol{P}$，使 $\boldsymbol{P}^{\mathrm{T}}\boldsymbol{AP}$ 对角化的具体步骤为：

（1）求 $\boldsymbol{A}$ 的特征值$\lambda_1,\lambda_2,\cdots,\lambda_n$；

（2）求出 $\boldsymbol{A}$ 的特征向量 $\boldsymbol{p}_1,\boldsymbol{p}_2,\cdots,\boldsymbol{p}_n$；

（3）用施密特正交法把 $\boldsymbol{p}_1,\boldsymbol{p}_2,\cdots,\boldsymbol{p}_n$ 正交化；

（4）将特征向量单位化.

**例 1**　设 $\boldsymbol{A}=\begin{bmatrix}2&-2&0\\-2&1&-2\\0&-2&0\end{bmatrix}$，求出正交矩阵 $\boldsymbol{P}$，使 $\boldsymbol{P}^{-1}\boldsymbol{AP}$ 为对角阵.

**解**（1）求 $\boldsymbol{A}$ 的特征值.

$$|\boldsymbol{A}-\lambda\boldsymbol{E}|=\begin{vmatrix}2-\lambda&-2&0\\-2&1-\lambda&-2\\0&-2&-\lambda\end{vmatrix}=(4-\lambda)(\lambda-1)(\lambda+2)=0,$$

特征值为$\lambda_1=4,\lambda_2=1,\lambda_3=-2.$

（2）求特征向量.

当$\lambda_1=4$时，由$(\boldsymbol{A}-4\boldsymbol{E})\boldsymbol{X}=\boldsymbol{0}$，得

$$\begin{cases}2x_1+2x_2=0\\2x_1+3x_2+2x_3=0\\2x_2+4x_3=0\end{cases},$$

解得基础解系为

$$\boldsymbol{p}_1=\begin{bmatrix}-2\\2\\-1\end{bmatrix}.$$

当$\lambda_2=1$时，由$(\boldsymbol{A}-\boldsymbol{E})\boldsymbol{X}=\boldsymbol{0}$，得

$$\begin{cases}-x_1+2x_2=0\\2x_1+2x_3=0\\2x_2+x_3=0\end{cases},$$

解得基础解系为

$$\boldsymbol{p}_2=\begin{bmatrix}2\\1\\-2\end{bmatrix}.$$

当 $\lambda_3=-2$ 时，$(\boldsymbol{A}+2\boldsymbol{E})\boldsymbol{X}=\boldsymbol{0}$，得

$$\begin{cases}-4x_1+2x_2=0\\2x_1-3x_2+2x_3=0,\\2x_2-2x_3=0\end{cases}$$

解得基础解系为

$$\boldsymbol{p}_3=\begin{bmatrix}1\\2\\2\end{bmatrix}.$$

（3）由于 $\boldsymbol{p}_1,\boldsymbol{p}_2,\boldsymbol{p}_3$ 分别是三个属于不同特征值的特征向量，由引理 4.2 知，$\boldsymbol{p}_1,\boldsymbol{p}_2,\boldsymbol{p}_3$ 必两两正交.

将特征向量标准化，得

$$\boldsymbol{\eta}_1=\begin{bmatrix}-2/3\\2/3\\-1/3\end{bmatrix},\quad \boldsymbol{\eta}_2=\begin{bmatrix}2/3\\1/3\\-2/3\end{bmatrix},\quad \boldsymbol{\eta}_3=\begin{bmatrix}1/3\\2/3\\2/3\end{bmatrix}.$$

令

$$\boldsymbol{P}=[\boldsymbol{\eta}_1,\boldsymbol{\eta}_2,\boldsymbol{\eta}_3]=\frac{1}{3}\begin{bmatrix}-2&2&1\\2&1&2\\-1&-2&2\end{bmatrix},$$

则

$$\boldsymbol{P}^{-1}\boldsymbol{A}\boldsymbol{P}=\begin{bmatrix}4&0&0\\0&1&0\\0&0&-2\end{bmatrix}.$$

**例 2**　设 $\boldsymbol{A}=\begin{bmatrix}4&0&0\\0&3&1\\0&1&3\end{bmatrix}$，求一个正交矩阵 $\boldsymbol{P}$，使 $\boldsymbol{P}^{-1}\boldsymbol{A}\boldsymbol{P}$ 为对角阵.

**解**

$$|\boldsymbol{A}-\lambda\boldsymbol{E}|=\begin{vmatrix}4-\lambda&0&0\\0&3-\lambda&1\\0&1&3-\lambda\end{vmatrix}=(2-\lambda)(4-\lambda)^2,$$

解得特征值 $\lambda_1=2,\ \lambda_2=\lambda_3=4$.

当 $\lambda_1=2$ 时，由 $(\boldsymbol{A}-2\boldsymbol{E})\boldsymbol{X}=\boldsymbol{0}$，解得基础解系为

$$\boldsymbol{p}_1=\begin{bmatrix}0\\1\\-1\end{bmatrix}.$$

当 $\lambda_2=\lambda_3=4$ 时，由 $(\boldsymbol{A}-4\boldsymbol{E})\boldsymbol{X}=\boldsymbol{0}$，解得基础解系为

$$\boldsymbol{p}_2=\begin{bmatrix}1\\0\\0\end{bmatrix},\quad \boldsymbol{p}_3=\begin{bmatrix}0\\1\\1\end{bmatrix}.$$

易验证 $\boldsymbol{p}_2,\boldsymbol{p}_3$ 恰好两两正交，所以 $\boldsymbol{p}_1,\boldsymbol{p}_2,\boldsymbol{p}_3$ 两两正交.

将特征向量标准化，得

$$\boldsymbol{\eta}_1=\begin{bmatrix}0\\1/\sqrt{2}\\-1/\sqrt{2}\end{bmatrix},\quad \boldsymbol{\eta}_2=\begin{bmatrix}1\\0\\0\end{bmatrix},\quad \boldsymbol{\eta}_3=\begin{bmatrix}0\\1/\sqrt{2}\\1/\sqrt{2}\end{bmatrix},$$

于是得正交阵

$$\boldsymbol{P}=[\boldsymbol{\eta}_1,\boldsymbol{\eta}_2,\boldsymbol{\eta}_3]=\begin{bmatrix}0&1&0\\1/\sqrt{2}&0&1/\sqrt{2}\\-1/\sqrt{2}&0&1/\sqrt{2}\end{bmatrix},$$

故

$$\boldsymbol{P}^{-1}\boldsymbol{AP}=\begin{bmatrix}2&0&0\\0&4&0\\0&0&4\end{bmatrix}.$$

## 4.4 二次型及其标准型

在解析几何中，为了方便研究二次曲线 $ax^2+bxy+cy^2=1$ 的几何性质，可以选择适当的坐标变换：

$$\begin{cases}x=x'\cos\theta-y'\sin\theta\\y=x'\sin\theta+y'\cos\theta\end{cases}\quad 或\quad \begin{bmatrix}x\\y\end{bmatrix}=\begin{bmatrix}\cos\theta&-\sin\theta\\\sin\theta&\cos\theta\end{bmatrix}\begin{bmatrix}x'\\y'\end{bmatrix}$$

把方程化为标准形式

$$mx'^2+ny'^2=1.$$

由此可确定其图形是圆、椭圆还是双曲线，从而方便地讨论原曲线的图形和性质.

二次型的理论起源于解析几何上化二次曲线和二次曲面方程为标准型的问题，现在二次型的理论不仅应用于几何，而且在数学的其他分支及物理、力学、工程技术中也常常用到. 如函数求极值、运输规划、控制理论中判断稳定性问题，统计学上求统计距离问题，物理上的耦合谐振子问题等都用到了二次型理论.本节先介绍二次型的相关概念及合同矩阵的定义.

### 4.4.1 二次型的概念

**定义 4.3** 含有 $n$ 个变量 $x_1,x_2,\cdots,x_n$ 的二次齐次函数

$$f(x_1,x_2,\cdots,x_n)=a_{11}x_1^2+a_{22}x_2^2+\cdots+a_{nn}x_n^2+2a_{12}x_1x_2+2a_{13}x_1x_3+\cdots+2a_{n-1,n}x_{n-1}x_n$$

称为**二次型**，只含有平方项的二次型 $f=k_1y_1^2+k_2y_2^2+\cdots+k_ny_n^2$ 称为**标准型**.

当 $a_{ij}$ 是复数时，$f$ 称为复二次型；当 $a_{ij}$ 是实数时，$f$ 称为实二次型. 天大圣下面讨论的二次型均为实二次型.

例如 $f(x_1,x_2,x_3)=2x_1^2+4x_2^2+5x_3^2-4x_1x_3$，$f(x_1,x_2,x_3)=x_1x_2+x_1x_3+x_2x_3$ 都是二次型；$f(x_1,x_2,x_3)=x_1^2+4x_2^2+4x_3^2$ 是**二次型的标准型**.

为了利用矩阵研究二次型的性质，取 $a_{ji}=a_{ij}$，则 $2a_{ij}x_ix_j=a_{ij}x_ix_j+a_{ji}x_ix_j$，于是

$$
\begin{aligned}
f(x_1,x_2,\cdots,x_n)&=a_{11}x_1^2+a_{22}x_2^2+\cdots+a_{nn}x_n^2+2a_{12}x_1x_2+2a_{13}x_1x_3+\cdots+2a_{n-1,n}x_{n-1}x_n\\
&=x_1(a_{11}x_1+a_{12}x_2+\cdots+a_{1n}x_n)+x_2(a_{21}x_1+a_{22}x_2+\cdots+a_{2n}x_n)+\\
&\quad\cdots+x_n(a_{n1}x_1+a_{n2}x_2+\cdots+a_{nn}x_n)\\
&=[x_1,x_2,\cdots,x_n]\begin{bmatrix}a_{11}x_1+a_{12}x_2+\cdots+a_{1n}x_n\\a_{21}x_1+a_{22}x_2+\cdots+a_{2n}x_n\\\vdots\\a_{n1}x_1+a_{n2}x_2+\cdots+a_{nn}x_n\end{bmatrix}\\
&=[x_1,x_2,\cdots,x_n]\begin{bmatrix}a_{11}&a_{12}&\cdots&a_{1n}\\a_{21}&a_{22}&\cdots&a_{2n}\\\vdots&\vdots&&\vdots\\a_{n1}&a_{n2}&\cdots&a_{nn}\end{bmatrix}\begin{bmatrix}x_1\\x_2\\\vdots\\x_n\end{bmatrix}.
\end{aligned}
$$

记

$$
\boldsymbol{A}=\begin{bmatrix}a_{11}&a_{12}&\cdots&a_{1n}\\a_{21}&a_{22}&\cdots&a_{2n}\\\vdots&\vdots&&\vdots\\a_{n1}&a_{n2}&\cdots&a_{nn}\end{bmatrix},\quad \boldsymbol{X}=\begin{bmatrix}x_1\\x_2\\\vdots\\x_n\end{bmatrix},
$$

则二次型可记作

$$
f=\boldsymbol{X}^{\mathrm{T}}\boldsymbol{A}\boldsymbol{X}.
$$

其中 $\boldsymbol{A}$ 为对称阵，称为二次型的矩阵，它的秩也称为二次型的秩.

**例 1**　写出二次型 $f=x_1^2+2x_2^2-3x_3^2+4x_1x_2-6x_2x_3$ 的矩阵.

**解**　由题可知

$$
a_{12}=a_{21}=2,\quad a_{13}=a_{31}=0,\quad a_{23}=a_{32}=-3,
$$

所以

$$
\boldsymbol{A}=\begin{bmatrix}1&2&0\\2&2&-3\\0&-3&-3\end{bmatrix}.
$$

**例 2**　写出标准二次型 $f=\lambda_1x_1{}^2+\lambda_2x_2{}^2+\cdots+\lambda_nx_n{}^2$ 的矩阵.

**解**　显然，$\boldsymbol{A}=\begin{bmatrix}\lambda_1&0&\cdots&0\\0&\lambda_2&\cdots&0\\\vdots&\vdots&&\vdots\\0&0&\cdots&\lambda_n\end{bmatrix}$为对角矩阵.

由上述例子可见，在二次型的矩阵表示中，任给一个二次型，就可唯一确定一个对称矩

阵；反之，任给一个对称矩阵，也可唯一确定一个二次型．这样，二次型与对称矩阵之间就存在一一对应的关系．

### 4.4.2 合同矩阵

对于二次型，我们讨论的主要问题是：是否存在一个可逆的线性变换，能将二次型化为标准型．

设

$$\begin{cases} x_1 = c_{11}y_1 + c_{12}y_2 + \cdots + c_{1n}y_n \\ x_2 = c_{21}y_1 + c_{22}y_2 + \cdots + c_{2n}y_n \\ \cdots\cdots\cdots\cdots \\ x_n = c_{n1}y_1 + c_{n2}y_2 + \cdots + c_{nn}y_n \end{cases}$$

记

$$\boldsymbol{C} = (c_{ij})_{n\times n}\text{，}\quad Y = \begin{bmatrix} y_1 \\ y_2 \\ \vdots \\ y_n \end{bmatrix},$$

则上述线性变换可记作 $\boldsymbol{X} = \boldsymbol{CY}$，代入 $f = \boldsymbol{X}^{\mathrm{T}}\boldsymbol{AX}$，得

$$f = \boldsymbol{X}^{\mathrm{T}}\boldsymbol{AX} = (\boldsymbol{CY})^{\mathrm{T}}\boldsymbol{A}(\boldsymbol{CY}) = \boldsymbol{Y}^{\mathrm{T}}(\boldsymbol{C}^{\mathrm{T}}\boldsymbol{AC})\boldsymbol{Y}.$$

令 $\boldsymbol{B} = \boldsymbol{C}^{\mathrm{T}}\boldsymbol{AC}$，则有 $f = \boldsymbol{Y}^{\mathrm{T}}\boldsymbol{BY}$．

因为 $\boldsymbol{B}^{\mathrm{T}} = (\boldsymbol{C}^{\mathrm{T}}\boldsymbol{AC})^{\mathrm{T}} = \boldsymbol{C}^{\mathrm{T}}\boldsymbol{A}^{\mathrm{T}}\boldsymbol{C} = \boldsymbol{C}^{\mathrm{T}}\boldsymbol{AC} = \boldsymbol{B}$，所以 $\boldsymbol{B}$ 也是一个对称阵，因此 $f = \boldsymbol{Y}^{\mathrm{T}}\boldsymbol{BY}$ 也是一个二次型．

因为

$$\boldsymbol{B} = \boldsymbol{C}^{\mathrm{T}}\boldsymbol{AC},$$

所以

$$R(\boldsymbol{B}) \leqslant R(\boldsymbol{AC}) \leqslant R(\boldsymbol{A}).$$

又因为

$$\boldsymbol{A} = (\boldsymbol{C}^{\mathrm{T}})^{-1}\boldsymbol{BC}^{-1},$$

所以

$$R(\boldsymbol{A}) \leqslant R(\boldsymbol{BC}^{-1}) \leqslant R(\boldsymbol{B}),$$

故

$$R(\boldsymbol{A}) = R(\boldsymbol{B}).$$

由此可知，经可逆变换 $\boldsymbol{X} = \boldsymbol{CY}$ 后，二次型 $f$ 的矩阵由 $\boldsymbol{A}$ 变为 $\boldsymbol{C}^{\mathrm{T}}\boldsymbol{AC}$，且二次型的秩不变．也就是说，要使二次型经可逆变换 $\boldsymbol{X} = \boldsymbol{CY}$ 化成标准型，只要使 $\boldsymbol{C}^{\mathrm{T}}\boldsymbol{AC}$ 变为对角阵即可．因此，化标准型的过程就是寻找可逆矩阵 $\boldsymbol{C}$，使 $\boldsymbol{C}^{\mathrm{T}}\boldsymbol{AC}$ 为对角阵的过程．

**定义 4.4** 设 $\boldsymbol{A}$，$\boldsymbol{B}$ 是两个 $n$ 阶方阵，如果存在一个可逆矩阵 $\boldsymbol{C}$，使得 $\boldsymbol{B} = \boldsymbol{C}^{\mathrm{T}}\boldsymbol{AC}$，则称 $\boldsymbol{A}$ 与 $\boldsymbol{B}$ 是合同的．

因此将二次型转化为标准型的过程就是对二次型的矩阵 $\boldsymbol{A}$（对称阵），寻求可逆矩阵 $\boldsymbol{C}$，使 $\boldsymbol{C}^{\mathrm{T}}\boldsymbol{AC}$ 为对角阵的过程．这个过程称为把对称阵 $\boldsymbol{A}$ 合同对角化．

# 4.5　化二次型为标准型

## 4.5.1　正交变换法

由定理 4.5 知，任给 $n$ 阶实对称矩阵 $\boldsymbol{A}$，必有正交矩阵 $\boldsymbol{P}$，使得

$$\boldsymbol{P}^{-1}\boldsymbol{A}\boldsymbol{P}=\boldsymbol{P}^{\mathrm{T}}\boldsymbol{A}\boldsymbol{P}=\Lambda=\begin{bmatrix}\lambda_1 & & & \\ & \lambda_2 & & \\ & & \ddots & \\ & & & \lambda_n\end{bmatrix}.$$

其中，$\lambda_i\ (i=1,2,\cdots,n)$ 是 $\boldsymbol{A}$ 的特征值. 而实二次型与实对称存在一一对应关系，因此有下面的定理成立.

**定理 4.6**　任给实二次型 $f=\boldsymbol{X}^{\mathrm{T}}\boldsymbol{A}\boldsymbol{X}$，总是有正交变换 $\boldsymbol{X}=\boldsymbol{P}\boldsymbol{Y}$，使二次型化为标准型 $f=\lambda_1 y_1^2+\lambda_2 y_2^2+\cdots+\lambda_n y_n^2$，其中 $\lambda_i\ (i=1,2,\cdots,n)$ 是 $\boldsymbol{A}$ 的特征值.

**例 1**　将二次型 $f=2x_1^2+x_2^2-4x_1x_2-4x_2x_3$ 化为标准型.

**解**　写出对应的二次型矩阵，并求其特征值.

$$\boldsymbol{A}=\begin{bmatrix}2 & -2 & 0\\ -2 & 1 & -2\\ 0 & -2 & 0\end{bmatrix},$$

这与 4.3 节中例 1 给出的矩阵相同，按其结果计算，可得特征值为 $\lambda_1=4, \lambda_2=1, \lambda_3=-2$.

由 4.3 节中例 1 知，存在正交矩阵 $\boldsymbol{P}=\dfrac{1}{3}\begin{bmatrix}-2 & 2 & 1\\ 2 & 1 & 2\\ -1 & -2 & 2\end{bmatrix}$，使 $\boldsymbol{P}^{-1}\boldsymbol{A}\boldsymbol{P}=\begin{bmatrix}4 & 0 & 0\\ 0 & 1 & 0\\ 0 & 0 & -2\end{bmatrix}$. 作正交变换 $\boldsymbol{X}=\boldsymbol{P}\boldsymbol{Y}$，可把二次型化为标准型 $f=4y_1^2+y_2^2-2y_3^2$.

## 4.5.2　拉格朗日配方法

用正交变换化二次型为标准型，其特点是保持几何形状不变. 那么有没有其他方法，也可以把二次型化为标准型呢？答案是肯定的. 下面介绍一种行之有效的方法——拉格朗日配方法.

拉格朗日配方法的步骤为：

（1）若二次型含有 $x_i$ 的平方项，则先把含有 $x_i$ 的乘积项集中，然后配方，再对其余的变量同样进行，直到都配成平方项为止，经过非退化线性变换，就得到标准型.

（2）若二次型中不含有平方项，但是 $a_{ij}\neq 0\ (i\neq j)$，则先作可逆线性变换

$$\begin{cases} x_i = y_i - y_j \\ x_j = y_i + y_j \\ x_k = y_k \end{cases}（k=1，2，\cdots，n\text{ 且 }k \neq i,j）.$$

化二次型为含有平方项的二次型，然后再按（1）中方法配方.

下面举例说明这一方法的运用过程.

**例 1**　化二次型 $f = x_1^2 + 2x_2^2 + 5x_3^2 + 2x_1x_2 + 2x_1x_3 + 6x_2x_3$ 为标准型，并求所用线性变换.

**解**

$$\begin{aligned} f &= x_1^2 + 2x_2^2 + 5x_3^2 + 2x_1x_2 + 2x_1x_3 + 6x_2x_3 \\ &= x_1^2 + 2x_1x_2 + 2x_1x_3 + 2x_2^2 + 5x_3^2 + 6x_2x_3 \\ &= (x_1 + x_2 + x_3)^2 - x_2^2 - x_3^2 - 2x_2x_3 + 2x_2^2 + 5x_3^2 + 6x_2x_3 \\ &= (x_1 + x_2 + x_3)^2 + x_2^2 + 4x_3^2 + 4x_2x_3 \\ &= (x_1 + x_2 + x_3)^2 + (x_2 + 2x_3)^2 \end{aligned}$$

令

$$\begin{cases} y_1 = x_1 + x_2 + x_3 \\ y_2 = x_2 + 2x_3 \\ y_3 = x_3 \end{cases},$$

得

$$\begin{cases} x_1 = y_1 - y_2 + y_3 \\ x_2 = y_2 - 2y_3 \\ x_3 = y_3 \end{cases},$$

即

$$\begin{bmatrix} x_1 \\ x_2 \\ x_3 \end{bmatrix} = \begin{bmatrix} 1 & -1 & 1 \\ 0 & 1 & -2 \\ 0 & 0 & 1 \end{bmatrix} \begin{bmatrix} y_1 \\ y_2 \\ y_3 \end{bmatrix}.$$

所以

$$\begin{aligned} f &= x_1^2 + 2x_2^2 + 5x_3^2 + 2x_1x_2 + 2x_1x_3 + 6x_2x_3 \\ &= y_1^2 + y_2^2. \end{aligned}$$

所用变换矩阵为

$$\boldsymbol{C} = \begin{bmatrix} 1 & -1 & 1 \\ 0 & 1 & -2 \\ 0 & 0 & 1 \end{bmatrix} \quad (|\boldsymbol{C}| = 1 \neq 0).$$

**例 2**　化二次型 $f = 2x_1x_2 + 2x_1x_3 - 6x_2x_3$ 为标准型，并求所用线性变换.

**解**　由于所给二次型中无平方项，所以

令

$$\begin{cases} x_1 = y_1 + y_2 \\ x_2 = y_1 - y_2 \\ x_3 = y_3 \end{cases},$$

即
$$\begin{bmatrix} x_1 \\ x_2 \\ x_3 \end{bmatrix} = \begin{bmatrix} 1 & 1 & 0 \\ 1 & -1 & 0 \\ 0 & 0 & 1 \end{bmatrix} \begin{bmatrix} y_1 \\ y_2 \\ y_3 \end{bmatrix},$$

代入 $f = 2x_1x_2 + 2x_1x_3 - 6x_2x_3$，得

$$f = 2y_1^2 - 2y_2^2 - 4y_1y_3 + 8y_2y_3 .$$

再配方，得

$$f = 2(y_1 - y_3)^2 - 2(y_2 - 2y_3)^2 + 6y_3^2 ,$$

令
$$\begin{cases} z_1 = y_1 - y_3 \\ z_2 = y_2 - 2y_3 , \\ z_3 = y_3 \end{cases}$$

得
$$\begin{cases} y_1 = z_1 + z_3 \\ y_2 = z_2 + 2z_3 , \\ y_3 = z_3 \end{cases}$$

即
$$\begin{bmatrix} y_1 \\ y_2 \\ y_3 \end{bmatrix} = \begin{bmatrix} 1 & 0 & 1 \\ 0 & 1 & 2 \\ 0 & 0 & 1 \end{bmatrix} \begin{bmatrix} z_1 \\ z_2 \\ z_3 \end{bmatrix}.$$

所以，二次型 $f$ 的标准型为

$$f = 2z_1^2 - 2z_2^2 + 6z_3^2 .$$

其中，线性变化矩阵为

$$\boldsymbol{C}=\begin{bmatrix} 1 & 1 & 0 \\ 1 & -1 & 0 \\ 0 & 0 & 1 \end{bmatrix} \begin{bmatrix} 1 & 0 & 1 \\ 0 & 1 & 2 \\ 0 & 0 & 1 \end{bmatrix} = \begin{bmatrix} 1 & 1 & 3 \\ 1 & -1 & -1 \\ 0 & 0 & 1 \end{bmatrix}$$（$\boldsymbol{C}$ 可逆且 $|\boldsymbol{C}| = -2 \neq 0$）.

## 4.6　正定二次型

在实二次型中，正定二次型占有重要的地位. 下面给出正定二次型的定义及常用的判别定理.

**定义 4.5**　设有实二次型 $f(x) = \boldsymbol{X}^{\mathrm{T}}\boldsymbol{A}\boldsymbol{X}$，如果对任意 $n$ 维列向量 $\boldsymbol{X} \neq 0$，都有 $f(x) > 0$（显然 $f(0) = 0$），则称 $f(x) = \boldsymbol{X}^{\mathrm{T}}\boldsymbol{A}\boldsymbol{X}$ 为正定二次型，并称实对称矩阵 $\boldsymbol{A}$ 为正定矩阵. 如果对于任意 $n$ 维列向量 $\boldsymbol{X} \neq 0$，有 $f(x) = \boldsymbol{X}^{\mathrm{T}}\boldsymbol{A}\boldsymbol{X} \geqslant 0$，则称 $f(x) = \boldsymbol{X}^{\mathrm{T}}\boldsymbol{A}\boldsymbol{X}$ 为半正定二次型，并称实对称矩阵 $\boldsymbol{A}$ 为半正定矩阵.

例如，二次型 $f = x^2 + 4y^2 + 16z^2$ 为正定二次型.

一般来说，用二次型定义来判别二次型的正定性往往比较困难，下面给出几种判别方法.

**定理 4.7** 实二次型 $f(x)=\boldsymbol{X}^{\mathrm{T}}\boldsymbol{A}\boldsymbol{X}$ 为正定二次型的充分必要条件是其标准型

$$f=\lambda_1 y_1^2+\lambda_2 y_2^2+\cdots+\lambda_n y_n^2$$

的系数 $\lambda_i(i=1,2,\cdots,n)$ 全部大于零.

**推论 1** 实对称矩阵 $\boldsymbol{A}$ 正定的充分必要条件是 $\boldsymbol{A}$ 的特征值全为正.

**推论 2** 若 $\boldsymbol{A}$ 为正定矩阵，则 $|\boldsymbol{A}|>0$.

用行列式来判别一个矩阵或者二次型是否正定也是一种常用的方法. 设 $\boldsymbol{A}$ 为 $n$ 阶对称矩阵，由 $\boldsymbol{A}$ 的前 $k$ 行 $k$ 列元素构成的 $k$ 阶行列式 $\begin{vmatrix} a_{11} & \cdots & a_{1k} \\ \vdots & & \vdots \\ a_{k1} & \cdots & a_{kk} \end{vmatrix}$（$k=1,2,\cdots,n$）称为矩阵 $\boldsymbol{A}$ 的 $k$ 阶顺序主子式.

**定理 4.8** 实二次型 $f(x)=\boldsymbol{X}^{\mathrm{T}}\boldsymbol{A}\boldsymbol{X}$ 为正定二次型的充分必要条件是它的二次型矩阵 $\boldsymbol{A}$ 的各阶顺序主子式都为正，即

$$a_{11}>0,\begin{vmatrix} a_{11} & a_{12} \\ a_{21} & a_{22} \end{vmatrix}>0,\cdots,\begin{vmatrix} a_{11} & \cdots & a_{1n} \\ \vdots & & \vdots \\ a_{n1} & \cdots & a_{nn} \end{vmatrix}>0.$$

**例 1** 判断二次型 $f(x_1,x_2,x_3)=5x_1^2+x_2^2+5x_3^2+4x_1x_2-8x_1x_3-4x_2x_3$ 的正定性.

**解** 二次型 $f(x_1,x_2,x_3)$ 的矩阵为

$$\boldsymbol{A}=\begin{bmatrix} 5 & 2 & -4 \\ 2 & 1 & -2 \\ -4 & -2 & 5 \end{bmatrix},$$

它的顺序主子式为

$$|5|>0,\begin{vmatrix} 5 & 2 \\ 2 & 1 \end{vmatrix}=1>0,\begin{vmatrix} 5 & 2 & -4 \\ 2 & 1 & -2 \\ -4 & -2 & 5 \end{vmatrix}=1>0,$$

由定理 4.8 知，该二次型是正定二次型.

**例 2** 判断二次型 $f(x_1,x_2,x_3)=-5x_1^2+2x_2^2+5x_3^2+2x_1x_2+8x_1x_3$ 的正定性.

**解** 二次型 $f(x_1,x_2,x_3)$ 的矩阵为

$$\boldsymbol{A}=\begin{bmatrix} -5 & 1 & 4 \\ 1 & 2 & 0 \\ 4 & 0 & 5 \end{bmatrix},$$

由于顺序主子式 $|-5|=-5<0$，所以 $f(x_1,x_2,x_3)$ 不是正定二次型.

**定义 4.6** 设有实二次型 $f(x)=\boldsymbol{X}^{\mathrm{T}}\boldsymbol{A}\boldsymbol{X}$，如果对任意 $n$ 维列向量 $\boldsymbol{X}\neq\boldsymbol{0}$，都有 $f(x)<0$，则称 $f(x)=\boldsymbol{X}^{\mathrm{T}}\boldsymbol{A}\boldsymbol{X}$ 为负定二次型，并称实对称矩阵 $\boldsymbol{A}$ 为负定矩阵. 如果对于任意 $n$ 维列向量 $\boldsymbol{X}\neq\boldsymbol{0}$，有 $f(x)=\boldsymbol{X}^{\mathrm{T}}\boldsymbol{A}\boldsymbol{X}\leqslant 0$，则称 $f(x)=\boldsymbol{X}^{\mathrm{T}}\boldsymbol{A}\boldsymbol{X}$ 为半负定二次型，并称实对称矩阵 $\boldsymbol{A}$ 为半负

定矩阵. 如果对于任意 $n$ 维列向量 $\boldsymbol{X}\neq\boldsymbol{0}$，有 $f(x)=\boldsymbol{X}^{\mathrm{T}}\boldsymbol{A}\boldsymbol{X}$ 有时为正，有时为负，则称 $f(x)=\boldsymbol{X}^{\mathrm{T}}\boldsymbol{A}\boldsymbol{X}$ 为不定二次型.

**定理 4.9**　实二次型 $f(x)=\boldsymbol{X}^{\mathrm{T}}\boldsymbol{A}\boldsymbol{X}$ 为负定二次型的充分必要条件是它的二次型矩阵 $\boldsymbol{A}$ 的所有奇数阶顺序主子式为负，偶数阶顺序主子式为正.

**例 3**　判断二次型 $f=-2x_1^2-6x_2^2-6x_3^2+2x_1x_2+6x_1x_3$ 的正定性.

**解**　二次型的矩阵为

$$\boldsymbol{A}=\begin{bmatrix}-2&1&3\\1&-6&0\\3&0&-4\end{bmatrix},$$

它的顺序主子式为

$$|-2|<0,\quad\begin{vmatrix}-2&1\\1&-6\end{vmatrix}=11>0,\quad\begin{vmatrix}-2&1&3\\1&-6&0\\3&0&-6\end{vmatrix}=-12<0,$$

即奇数阶顺序主子式为负，偶数阶顺序主子式为正.

由定理 4.9 知，该二次型是负定的.

**例 4**　问 $a$ 取何值时，二次型 $f=x_1{}^2+2x_2{}^2+3x_3{}^2+2ax_1x_2-2x_1x_3+4x_2x_3$ 是正定的.

**解**　二次型矩阵为

$$\boldsymbol{A}=\begin{bmatrix}1&a&-1\\a&2&2\\-1&2&3\end{bmatrix},$$

它的顺序主子式为

$$|1|>0,\quad\begin{vmatrix}1&a\\a&2\end{vmatrix}=2-a^2>0,\quad\begin{vmatrix}1&a&-1\\a&2&2\\-1&2&3\end{vmatrix}=-3a^2-4a>0,$$

故

$$-\frac{4}{3}<a<0.$$

# 4.7　特征值、特征向量及二次型的应用

## 4.7.1　高阶高次幂矩阵的求解

**例 1**　已知矩阵 $\boldsymbol{A}=\begin{bmatrix}1&2&2\\2&1&2\\2&2&1\end{bmatrix}$，求 $\boldsymbol{A}^k$（$k$ 是正整数）.

**解** 可以看出，$\boldsymbol{A}$ 是一个对称矩阵，所以可以采用上述的简便算法.

通过特征值的解法，可以得出矩阵 $\boldsymbol{A}$ 的特征值为 $\lambda_1=\lambda_2=-1,\ \lambda_3=5$.

设特征向量是 $\boldsymbol{x}_1,\boldsymbol{x}_2,\boldsymbol{x}_3$，所以对角阵为 $\Lambda=\mathrm{diag}(-1,-1,5)$，$\boldsymbol{P}=[\boldsymbol{x}_1\quad \boldsymbol{x}_2\quad \boldsymbol{x}_3]=\begin{bmatrix}1&0&1\\0&1&1\\-1&-1&1\end{bmatrix}$，

且矩阵 $\boldsymbol{P}$ 的逆为 $\boldsymbol{P}^{-1}=\begin{bmatrix}2&-1&-1\\-1&2&-1\\1&1&1\end{bmatrix}$，又 $\boldsymbol{P}^{-1}\boldsymbol{AP}=\Lambda=\mathrm{diag}(-1,-1,5)$，化简后可以看出 $\boldsymbol{A}=\boldsymbol{P\Lambda P}^{-1}$，

有

$$\boldsymbol{A}^k=\boldsymbol{P}\Lambda^k\boldsymbol{P}^{-1}=\frac{1}{3}\begin{bmatrix}1&0&1\\0&1&1\\-1&-1&1\end{bmatrix}\begin{bmatrix}(-1)^k&0&0\\0&(-1)^k&0\\0&0&5^k\end{bmatrix}\begin{bmatrix}2&-1&-1\\-1&2&-1\\1&1&1\end{bmatrix}$$

$$=\frac{1}{3}\begin{bmatrix}2(-1)^k+5^k&(-1)^{k+1}+5^k&(-1)^{k+1}+5^k\\(-1)^{k+1}+5^k&2(-1)^k+5^k&(-1)^{k+1}+5^k\\(-1)^{k+1}+5^k&(-1)^{k+1}+5^k&2(-1)^k+5^k\end{bmatrix}.$$

### 4.7.2 在线性递推关系的应用

线性递推关系与矩阵之间有着密不可分的联系，特征值与特征向量在其中也有着广泛的应用，接下来就讨论关于一般的线性递推关系的应用.

**例 2** 设数列 $\{x_n\}$ 满足如下递推的关系：$x_n=2x_{n-1}+x_{n-2}-2x_{n-3}(n\geqslant 4)$，其中 $x_1=1$，$x_2=-2$，$x_3=3$. 求 $x_n$ 的通项.

**解** 由题可得，数列是三阶循环的，即

$$\begin{cases}x_n=2x_{n-1}+x_{n-2}-2x_{n-3}\\ x_{n-1}=x_{n-1}\\ x_{n-2}=x_{n-2}\end{cases},$$

将方程组写成矩阵的形式

$$\begin{bmatrix}x_n\\x_{n-1}\\x_{n-2}\end{bmatrix}=\begin{bmatrix}2&1&-2\\1&0&0\\0&1&0\end{bmatrix}\begin{bmatrix}x_{n-1}\\x_{n-2}\\x_{n-3}\end{bmatrix}.$$

令

$$\boldsymbol{A}=\begin{bmatrix}2&1&-2\\1&0&0\\0&1&0\end{bmatrix},$$

经过递推得

$$\begin{bmatrix} x_n \\ x_{n-1} \\ x_{n-2} \end{bmatrix} = \boldsymbol{A}\begin{bmatrix} x_{n-1} \\ x_{n-2} \\ x_{n-3} \end{bmatrix} = \boldsymbol{A}^2\begin{bmatrix} x_{n-2} \\ x_{n-3} \\ x_{n-4} \end{bmatrix} = \cdots = \boldsymbol{A}^{n-3}\begin{bmatrix} x_3 \\ x_2 \\ x_1 \end{bmatrix}.$$

又由于 $x_1 = 1, x_2 = -2, x_3 = 3$，且 $|\lambda \boldsymbol{E} - \boldsymbol{A}| = 0$，可得

$$\begin{vmatrix} \lambda-2 & -1 & 2 \\ -1 & \lambda & 0 \\ 0 & -1 & \lambda \end{vmatrix} = \lambda^3 - 2\lambda^2 + 2 - \lambda = 0.$$

故特征值为 $\lambda_1 = 1,\ \lambda_2 = -1,\ \lambda_3 = 2$. 再由矩阵的特征方程求解，得到特征向量为

$$\boldsymbol{P}_1 = \begin{bmatrix} 1 \\ 1 \\ 1 \end{bmatrix},\quad \boldsymbol{P}_2 = \begin{bmatrix} 1 \\ -1 \\ 1 \end{bmatrix},\quad \boldsymbol{P}_3 = \begin{bmatrix} 4 \\ 2 \\ 1 \end{bmatrix}.$$

令

$$\boldsymbol{P} = [\boldsymbol{P}_1 \quad \boldsymbol{P}_2 \quad \boldsymbol{P}_3] = \begin{bmatrix} 1 & 1 & 4 \\ 1 & -1 & 2 \\ 1 & 1 & 1 \end{bmatrix},$$

则

$$\boldsymbol{P}^{-1} = \frac{1}{6}\begin{bmatrix} -3 & 3 & 6 \\ 1 & -3 & 2 \\ 2 & 0 & -2 \end{bmatrix},\quad \boldsymbol{A} = \boldsymbol{P}\begin{bmatrix} 1 & 0 & 0 \\ 0 & -1 & 0 \\ 0 & 0 & 2 \end{bmatrix}\boldsymbol{P}^{-1},$$

$$\boldsymbol{A}^{n-3} = \boldsymbol{P}\begin{bmatrix} 1 & 0 & 0 \\ 0 & -1 & 0 \\ 0 & 0 & 2 \end{bmatrix}^{n-3}\boldsymbol{P}^{-1} = \frac{1}{6}\begin{bmatrix} -3+(-1)^{n-3}+2^n & 3-3(-1)^{n-3} & 6+2(-1)^{n-3}-2^n \\ -3+(-1)^{n-2}+2^{n-1} & 3-3(-1)^{n-2} & 6+2(-1)^{n-2}-2^{n-1} \\ -3+(-1)^{n-3}+2^{n-2} & 3-3(-1)^{n-1} & 6+2(-1)^{n-3}-2^{n-2} \end{bmatrix}.$$

代入有

$$\begin{aligned} x_n &= \frac{1}{6}[(-3+(-1)^{n-3}+2^n)x_3 + (3-3(-1)^{n-3})x_2 + (6+2(-1)^{n-3}-2^n)x_1] \\ &= \frac{1}{6}[-9+11(-1)^{n-3}+2^{n+1}] = -\frac{3}{2} + \frac{11}{6}(-1)^{n-3} + \frac{2}{3}\cdot 2^{n-1}. \end{aligned}$$

### 4.7.3　劳动力就业转移问题

**例 3**　某中小城市及郊区乡镇共有 30 万人从事农、工、商工作，假定这个总人数在若干年内保持不变. 社会调查表明：

（1）在这 30 万就业人员中，目前约有 15 万人务农，9 万人从事务工，6 万人经商；

（2）在务农人员中，每年约有 20% 改为务工，10% 改为经商；

（3）在务工人员中，每年约有 20% 改为务农，10% 改为经商；

（4）在经商人员中，每年约有 10% 改为务农，10% 改为务工.

先要预测一年后从事各行业的人员数，以及经过多年之后从事各行业人员总数的发展

趋势.

**解** 用向量 $\boldsymbol{\alpha}_k=(x_k,y_k,z_k)^{\mathrm{T}}$ 表示第 $k$ 年后从事这三种职业的人员总数，$\boldsymbol{\alpha}_0=(x_0,y_0,z_0)^{\mathrm{T}}=(15,9,6)^{\mathrm{T}}$ 为初始人数向量.

依题意，一年后从事农、工、商的总人数为

$$\begin{cases}x_1=0.7x_0+0.2y_0+0.1z_0\\ y_1=0.2x_0+0.7y_0+0.1z_0\\ z_1=0.1x_0+0.1y_0+0.8z_0\end{cases},$$

即
$$\begin{bmatrix}x_1\\y_1\\z_1\end{bmatrix}=\begin{bmatrix}0.7&0.2&0.1\\0.2&0.7&0.1\\0.1&0.1&0.8\end{bmatrix}\begin{bmatrix}x_0\\y_0\\z_0\end{bmatrix},$$

也即 $\boldsymbol{\alpha}_1=\boldsymbol{A}\boldsymbol{\alpha}_0$，其中 $\boldsymbol{A}=\begin{bmatrix}0.7&0.2&0.1\\0.2&0.7&0.1\\0.1&0.1&0.8\end{bmatrix}$.

将 $\boldsymbol{\alpha}_0=(x_0,y_0,z_0)^{\mathrm{T}}=(15,9,6)^{\mathrm{T}}$ 代入上式，可得 $\boldsymbol{\alpha}_1=(x_1,y_1,z_1)^{\mathrm{T}}=(12.9,9.9,7.2)^{\mathrm{T}}$，即一年后从事农、工、商的人数分别为 12.9 万人、9.9 万人、7.2 万人.

由 $\boldsymbol{\alpha}_2=\boldsymbol{A}\boldsymbol{\alpha}_1=\boldsymbol{A}^2\boldsymbol{\alpha}_0$，可得 $\boldsymbol{\alpha}_1=(11.73,10.23,8.04)^{\mathrm{T}}$，即两年后从事农、工、商的人数分别为 11.73 万人、10.23 万人、8.04 万人.

依此类推，第 $k$ 年后从事农、工、商的人数 $\boldsymbol{\alpha}_k=\boldsymbol{A}^k\boldsymbol{\alpha}_0$，即

$$\begin{bmatrix}x_k\\y_k\\z_k\end{bmatrix}=\begin{bmatrix}0.7&0.2&0.1\\0.2&0.7&0.1\\0.1&0.1&0.8\end{bmatrix}^k\begin{bmatrix}x_0\\y_0\\z_0\end{bmatrix}.$$

为了计算 $\boldsymbol{A}^k$，先将 $\boldsymbol{A}$ 对角化，矩阵 $\boldsymbol{A}$ 的特征多项式为

$$|\boldsymbol{A}-\lambda\boldsymbol{E}|=\begin{vmatrix}0.7-\lambda&0.2&0.1\\0.2&0.7-\lambda&0.1\\0.1&0.1&0.8-\lambda\end{vmatrix}=(1-\lambda)(0.7-\lambda)(0.5-\lambda),$$

所以矩阵的特征值为

$$\lambda_1=1,\ \lambda_2=0.7,\ \lambda_3=0.5,$$

进而求得对应的单位特征向量

$$\boldsymbol{\varepsilon}_1=\left(\frac{1}{\sqrt{3}},\frac{1}{\sqrt{3}},\frac{1}{\sqrt{3}}\right)^{\mathrm{T}},\quad \boldsymbol{\varepsilon}_2=\left(\frac{1}{\sqrt{6}},\frac{1}{\sqrt{6}},\frac{-2}{\sqrt{6}}\right)^{\mathrm{T}},\quad \boldsymbol{\varepsilon}_3=\left(-\frac{1}{\sqrt{2}},\frac{1}{\sqrt{2}},0\right)^{\mathrm{T}}.$$

令 $\boldsymbol{Q}=(\boldsymbol{\varepsilon}_1,\boldsymbol{\varepsilon}_2,\boldsymbol{\varepsilon}_3)$，则有

$$\boldsymbol{Q}^{-1}\boldsymbol{A}\boldsymbol{Q}=\Lambda，\text{即 } \boldsymbol{A}=\boldsymbol{Q}\Lambda\boldsymbol{Q}^{-1}.$$

其中 $\Lambda=\begin{bmatrix}1 & & \\ & 0.7 & \\ & & 0.5\end{bmatrix}$.

从而
$$A^k=Q\Lambda^k Q^{-1}=\begin{bmatrix}\frac{1}{\sqrt{3}} & \frac{1}{\sqrt{6}} & -\frac{1}{\sqrt{2}}\\ \frac{1}{\sqrt{3}} & \frac{1}{\sqrt{6}} & \frac{1}{\sqrt{2}}\\ \frac{1}{\sqrt{3}} & \frac{-2}{\sqrt{6}} & 0\end{bmatrix}\begin{bmatrix}1 & & \\ & 0.7^k & \\ & & 0.5^k\end{bmatrix}\begin{bmatrix}\frac{1}{\sqrt{3}} & \frac{1}{\sqrt{3}} & \frac{1}{\sqrt{3}}\\ \frac{1}{\sqrt{6}} & \frac{1}{\sqrt{6}} & \frac{-2}{\sqrt{6}}\\ -\frac{1}{\sqrt{2}} & \frac{1}{\sqrt{2}} & 0\end{bmatrix}.$$

将上式确定的 $A^k$ 代入 $\boldsymbol{\alpha}_k=A^k\boldsymbol{\alpha}_0$，即可得第 $k$ 年后从事农、工、商的人员总数.

当 $k\to\infty$ 时，有 $0.7^k\to 0, 0.5^k\to 0$，可得

$$A^k\to\begin{bmatrix}\frac{1}{\sqrt{3}} & \frac{1}{\sqrt{6}} & -\frac{1}{\sqrt{2}}\\ \frac{1}{\sqrt{3}} & \frac{1}{\sqrt{6}} & \frac{1}{\sqrt{2}}\\ \frac{1}{\sqrt{3}} & \frac{-2}{\sqrt{6}} & 0\end{bmatrix}\begin{bmatrix}1 & & \\ & 0 & \\ & & 0\end{bmatrix}\begin{bmatrix}\frac{1}{\sqrt{3}} & \frac{1}{\sqrt{3}} & \frac{1}{\sqrt{3}}\\ \frac{1}{\sqrt{6}} & \frac{1}{\sqrt{6}} & \frac{-2}{\sqrt{6}}\\ -\frac{1}{\sqrt{2}} & \frac{1}{\sqrt{2}} & 0\end{bmatrix}=\frac{1}{3}\begin{bmatrix}1 & 1 & 1\\ 1 & 1 & 1\\ 1 & 1 & 1\end{bmatrix},$$

所以
$$\begin{bmatrix}x_k\\ y_k\\ z_k\end{bmatrix}\to\frac{1}{3}\begin{bmatrix}1 & 1 & 1\\ 1 & 1 & 1\\ 1 & 1 & 1\end{bmatrix}\begin{bmatrix}15\\ 9\\ 6\end{bmatrix}=\begin{bmatrix}10\\ 10\\ 10\end{bmatrix}(k\to\infty).$$

即多年以后，从事这三种职业的人数将趋于相等，均为 10 万人.

## 4.8　数学实验与数学模型举例

### 4.8.1　数学实验

**实验目的：**会用 MATLAB 软件求特征值、特征向量及二次型有关计算.

**例 1**　求方阵 $A=\begin{bmatrix}3 & 1 & 0\\ -4 & -1 & 0\\ 4 & -8 & -2\end{bmatrix}$ 的特征值与特征向量.

命令如下：

```
A=[3 1 0; -4 -1 0; 4 -8 -2];
[D，X]=eig（A）
```

显示结果：

```
D =

          0        0.1422        0.1422
          0       -0.2844       -0.2844
     1.0000        0.9481        0.9481


X =

    -2.0000            0             0
          0       1.0000             0
          0            0        1.0000
```

**例 2** 求一个正交变换 $\boldsymbol{x}=\boldsymbol{py}$，把二次型 $f=x_1^2-2x_2^2+x_3^2+4x_1x_2+8x_1x_3+4x_2x_3$ 变换为标准型.

**解** 程序设计：MATLAB 的文本编辑窗口程序.

```
A=[1 2 4;2 -2 2;4 2 1];          %写出二次型对应的矩阵
syms y1 y2 y3                    %声明变量
y=[y1 y2 y3]                     %重新定义一个 y
[P，D]=eig（A）                  %P 即为所求正交变换矩阵
X=p*y
f=[y1 y2 y3]*D*y                 %标准二次型
```

显示结果：

```
p=
    0.5963    0.4472     0.6667
    0.2981   -0.8944     0.3333
   -0.7454         0     0.6667
D=
   -3000          0          0
       0     -30000          0
       0          0      60000
X=
    4/15*5 ^ (1/2)*y1+1/5*5 ^ (1/2)*y2+2/3*y3
    2/15*5 ^ (1/2)*y1-2/5*5 ^ (1/2)*y2+1/3*y3
    -1/3*5 ^ (1/2)*y1+ 2/3*y3
f= -3*y1 ^ 2-3*y2 ^ 2 +6*y3 ^ 2
```

说明：这里我们运用函数 eig 求出二次系数矩阵 $\boldsymbol{A}$ 的特征值矩阵和特征向量矩阵 $\boldsymbol{p}$，$f$ 为所求标准形式.

**例 3**　判断二次型 $f = x_1^2 + x_2^2 + 4x_3^2 + 7x_4^2 + 6x_1x_3 + 4x_1x_4 - 4x_2x_3 + 2x_2x_4 + 4x_3x_4$ 的正定性.

**解法一**

程序设计：MATLAB 的文本编辑窗口程序.

```
A=[1 0 3 2;0 1 -2 1;3 -2 4 2； 2 1 2 7];
D=eig（A）
If all（D>0）
fprintf（'二次型正定'）
else
fprintf（'二次型非正定'）
end
```

显示结果：

```
D=
    -1.4108
    0.3513
    4.7879
    9.2716
```

**解法二**

程序设计：MATLAB 的文本编辑窗口程序.

```
A=[1 0 3 2;0 1 -2 1;3 -2 4 2； 2 1 2 7];
for i=1：4                          %建立循环
B=A（1:i，1:i）;                    %前 i 行前 i 列构成的矩阵
fprintf（'第%d 阶主子式的值为'，i）
det（B）                            %输出顺序主子式的值
if（det（B）<0）
fprintf（'二次型非正定'）           %判断正定性输出结果
break
else
fprintf（'二次型正定'）
end
end
```

显示结果：

```
第 1 阶主子式的值为 ans=1
二次型正定第 2 阶主子式的值为 ans=1
二次型正定第 3 阶主子式的值为 ans=-9
二次型非正定
```

## 4.8.2 数学建模举例

**例 4** 如果一对兔子出生一个月后开始繁殖，每个月生出一对后代. 现有一对新生兔子，假定兔子只繁殖，没有死亡，回答一下问题：

（1）一年之后，即第十三月月初有多少只兔子？

（2）问第 $k$ 月月初会有多少兔子？

**【模型假设】** 假定兔子只繁殖，没有死亡，且每次出生的一对兔子刚好一雄一雌.

**【模型建立】** 以“对”为单位，每月兔子组队数构成一个数列，这便是著名的 Fibonacci 数列 $\{F_k\}:0,1,2,3,5,\cdots,F_k,\cdots$，函数数列满足条件

$$\begin{cases} F_{k+2}=F_{k+1}+F_k \\ F_1=1,F_0=0 \end{cases}.$$

令
$$\boldsymbol{A}=\begin{pmatrix}1 & 1\\ 1 & 0\end{pmatrix},\quad \boldsymbol{\alpha}_k=\begin{pmatrix}F_{k+1}\\ F_k\end{pmatrix},\quad \boldsymbol{\alpha}_0=\begin{pmatrix}F_1\\ F_0\end{pmatrix}=\begin{pmatrix}1\\ 0\end{pmatrix},$$

则（*）可写成矩阵形式

$$\boldsymbol{\alpha}_{k+1}=\boldsymbol{A}\boldsymbol{\alpha}_k \quad (k=1,2,3,\cdots).$$

递归可得

$$\boldsymbol{\alpha}_k=\boldsymbol{A}^k\boldsymbol{\alpha}_0 \quad (k=1,2,3,\cdots).$$

**【模型求解】**

（1）一年之后，即第十三月月初有

$$\boldsymbol{\alpha}_{13}=\boldsymbol{A}^{13}\boldsymbol{\alpha}_0.$$

命令如下：

```
A=[1 1;1 0];
a0=[1 0]';
a13=A^13*a0
```

结果如下：

```
a13 =
      377
      233
```

（2）要求第 $k$ 月月初会有多少兔子，首先求解 $\boldsymbol{A}$ 的特征值与特征向量.

命令如下：

```
A=[1 1;1 0];
[D，X]=eig（A）
```

结果如下：

```
D =

    0.5257   -0.8507
   -0.8507   -0.5257

X =

   -0.6180         0
         0    1.6180
```

由结果可知

$$\lambda_1=-0.6180,\quad \lambda_2=1.6180.$$

$$P=\begin{bmatrix} 0.5257 & -0.8507 \\ -0.8507 & -0.5257 \end{bmatrix}.$$

所以
$$\boldsymbol{A}^k=\boldsymbol{P}\begin{pmatrix} \lambda_1^k & 0 \\ 0 & \lambda_2^k \end{pmatrix},\quad \boldsymbol{P}^{-1}=\frac{1}{\lambda_1-\lambda_2}\begin{pmatrix} \lambda_1^{k+1}-\lambda_2^{k+1} & \lambda_1\lambda_2^{k+1}-\lambda_2\lambda_1^{k+1} \\ \lambda_1^k-\lambda_2^k & \lambda_1\lambda_2^k-\lambda_2\lambda_1^k \end{pmatrix}.$$

其中 $\lambda_1=-0.6180$，$\lambda_2=1.6180$.

进一步可得

$$\begin{pmatrix} F_{k+1} \\ F_k \end{pmatrix}=\boldsymbol{\alpha}_k=\boldsymbol{A}^k\begin{pmatrix} 1 \\ 0 \end{pmatrix}=\frac{1}{\lambda_1-\lambda_2}\begin{pmatrix} \lambda_1^{k+1}-\lambda_2^{k+1} \\ \lambda_1^k-\lambda_2^k \end{pmatrix},$$

所以
$$F_k=\frac{1}{2.236}[(1.618)^k-(-0.618)^k].$$

**【结果分析】**当 $k$ 取不同值时，兔子数量如图 4.1 所示. 由图 4.1 可知，随着月份的增加，兔子数量呈爆炸式增长.

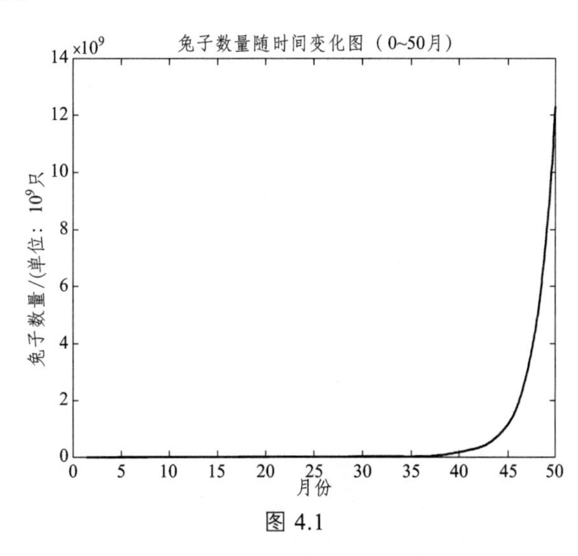


图 4.1

程序如下：

```
k=linspace（1，50，50）;
Fk=（1.618.^k-（-0.618）.^k）./2.236;
p=plot（k，Fk）
title（'兔子数量随时间变化图（0 \sim 50 月）'）
xlabel（'月份'）
ylabel（'兔子数量（单位：10^9 只）'）
```

# 参考文献

[1] 同济大学数学系. 工程数学线性代数[M]. 5 版. 北京：高等教育出版社，2007.

[2] 北京大学数学系几何与代数教研室代数小组. 高等代数[M]. 2 版. 北京：高等教育出版社，1998.

[3] 喻秉钧，周厚隆. 线性代数[M]. 北京：高等教育出版社，2011.

[4] 韩中庚. 数学建模方法及其应用[M]. 2 版. 北京：高等教育出版社，2009.

[5] （美）莱（Lay, D. C.）. 线性代数及其应用[M]. 3 版. 刘深泉，等，译. 北京：机械工业出版社，2005.

[6] 卢刚. 线性代数[M]. 2 版. 北京：高等教育出版社，2000.

[7] 任广千，谢聪，胡翠芳. 线性代数的几何意义[M]. 西安：西安电子科技大学出版社，2015.

[8] 薛长虹，于凯. MATLAB 数学实验[M]. 成都：西南交通大学出版社，2014.